大 灾 难

[美] 苏珊·W.基弗　著

曹俊兴　杜陈宇　译

U0250698

上海科学技术出版社

图书在版编目(CIP)数据

大灾难/(美)基弗(Kieffer, S. W.)著;曹俊兴,
杜陈宇译.—上海:上海科学技术出版社,2016.5
　　ISBN 978-7-5478-2996-7

　　Ⅰ. ①大… Ⅱ. ①基… ②曹… ③杜　Ⅲ. ①灾害—
普及读物 Ⅳ. ①X4-49

中国版本图书馆 CIP 数据核字(2016)第 030036 号

大灾难

[美] 苏珊·W. 基弗　　著

曹俊兴　杜陈宇　译

上海世纪出版股份有限公司
上海科学技术出版社　出版
(上海钦州南路 71 号　邮政编码 200235)

上海世纪出版股份有限公司发行中心发行
200001　上海福建中路 193 号　www.ewen.co
苏州望电印刷有限公司印刷
开本 787×1092　1/16　印张 13.5
字数 180 千字
2016 年 5 月第 1 版　2016 年 5 月第 1 次印刷
ISBN 978-7-5478-2996-7/N·108
定价:35.00 元

衷心感谢数十年来给我智慧滋养的"智者"——伊安、保罗、皮特与沃德,衷心感谢给我快乐给我支持的丈夫,衷心感谢与我一起冒险的伙伴——杰瑞,他一直对我为何痴迷于澳大利亚6美元1磅的香蕉疑惑不解!(答案在第九章!)

译 者 序

大灾难,有些是未知的已知,知道有这样的灾难,但不知道什么时间在什么地方发生,如地震;有些是未知的未知,如非典(严重急性呼吸综合征,SARS),在出现之前并不知道会有这样的灾难,刚开始发生时也不知道是什么引起的。但是,在经历一次灾难之后,它就成了已知的灾难。今天我们已经知道非典是一种冠状病毒引起的呼吸道感染。

本书的着眼点是介绍已知的未知,探讨未知的未知,即介绍已知但不知何时会再次降临的灾难,为未来未知的灾难的预防做准备。从这个角度讲,本书值得每一个有责任感和危机意识的现代文明人,特别是决策者一读。

地球是一个既小又大的星球。通信和交通技术的进步使地球成为一个名副其实的村落。遥远天边发生的事瞬间就会经由现代通信技术传送到你的眼前耳边。从这个角度讲,地球很小很小,地球那边的风吹草动瞬间就有可能影响你的生活与心绪。尽管24小时,甚至2小时你就可以绕地球一圈,但是,许多人终其一生也没有走出过方圆一百里。从这个角度讲,地球很大很大,地球上有很多很多的事情我们没有经历过,唐山人、汶川人经历过大地震,但从没有经历过火山喷发与海啸。要了解地球,熟悉它的秉性,唯有读书,读像《大灾难》这样的书。

本书原著书名的直译是《灾难动力学》,一个典型的科学著作的名称,但它又是用科普的文笔写的,全书以三量守恒(质量守恒、动量守恒、能量守恒)为指导,以状态变化为主线,引用了很多数据资料,却没有一个数学公式符号。

本书是科学著作中的休闲读物，休闲读物中的科学著作。

　　本书从科学的视角讲科普，用科普的语言讲科学，涉猎的学科与主题之广、跨度之大，超过了一般人的想象，从地震、火山、滑坡、海啸、泥石流到飓风、洪水、干旱以至灾害预防、灾后救援、灾后重建等不一而足。所涉及的每一个主题都是严谨的科学研究领域，即使一本书也不一定能阐述全面，而要在短短的几个段落就解释清楚，非得有渊博的知识、深刻的领悟、简洁的语言、深入浅出的对比解释不可，这给译者造成了很大的压力，加之译者学识精力有限，读起来似乎都懂，遣词造句准确翻译却又难之又难。我们曾为一个单字（regime）的翻译苦苦思索两周有余，即使如此仍有许多词不达意之处，错谬更是在所难免，诚请读者指正。

　　文明的存续是大自然的恩赐，而这种恩赐有可能会毫无征兆地被剥夺——这就是大灾难。延续文明，是我们的责任。避免或减轻大灾难的损失，是政府、社会和个人的共同责任。大灾难，既有已知的未知，更有未知的未知。作为文明人，作为文明社会的领导者，既是为了人类，也是为了自己，应通晓已知的灾难，预防未知的灾难。

2016.2.20.

灾难的属性（代前言）

"灾难"一词意指"造成重大损失或破坏的突发性灾害事件"。如果没有人的因素，"灾难"一词不可能有什么意义。比如，可以用这个词来描述火山喷发对大气层的影响，但只有人才能判断它对大气层而言是不是一个灾难，否则，这个词就只是个学术术语。

通常情况下，"灾难"一词用以形容人类个体或集体所遭受的损失与伤害。因此，一提到"灾难"，我们的脑海中就会浮现出一组画面，从情窦初开的年轻人失恋后的悲痛欲绝到伤亡数百甚至数十万人的自然或人为灾难的悲惨景象。"灾难"这个词可以泛指各种各样的灾难，从纯粹的地质灾难，如火山喷发，到纯粹的人为灾难，如有意或无意的核爆炸。本书只论述一种形式的灾难，即我们这个星球上由地质作用引起，对人类造成伤害的灾难。一句话，本书论述的是灾难动力学。

我们这个星球上的地质过程既使人类受益，给予我们以生命存在之基本要素，同时又会给我们造成麻烦，带来各种灾难。另一方面，地球的各组成部分相互关联，因此，人类的活动对地球的一些组成部分也会有影响。我发现在与各种各样的人讨论灾难时，区分两类代表性的灾难很有用："自然灾难"和"隐形灾难"。

自然灾难是地球上持续演化中的地质过程所引起的灾难，保险行业称之为"不可抗力"，也就是我们所说的"天灾"。天灾通常发生突然并立即成灾，如地震、飓风或火山喷发。一些自然灾难，如与气候相关的灾难，越来越多地受到了人类活动的影响。

隐形灾难与自然灾难不同,由人类活动引起,但与我们赖以生存的自然系统相互交织。隐形灾难的发生虽是一个缓慢的过程,但短期内就会显示出严重后果。隐形灾难包括气候变化、沙漠化、土壤流失、地下含水层塌陷及海洋酸化等。气候变化是近年广为熟知的隐形灾难。论述气候变化原因的著述可谓汗牛充栋,甚至包括诸如火山喷发这样的自然过程对气候变化的影响也被广为讨论,但是,阐述气候变化等隐形灾难对自然灾难的影响的论述却是少之又少。气候变化对大气扰动的影响常被忽视,比如气候变化对飓风数量和强度的影响,而这恰恰是最应该被重视的。隐形灾难,比如气候变化,可能会影响其他的自然灾难。比如自上个冰期结束以来,极地区域冰盖的持续减小可能影响了火山喷发的频率和位置、滑坡的数量和规模、地热系统的运行、洪水的频率和规模,甚至是地震的频率和类型。

如果我们想要了解人类对地球和自然灾难未来的可能影响,我们就需要理解自然灾难的基本地质动力学。在过去,我们对地球的一般看法是:影响我们的自然灾难是自然的行为。然而,现在,我们也需要探究人类活动对自然灾难的可能影响。在这样的思维框架下,需要将隐形事件的影响从气候变化扩展到各种灾难,不只是与天气相关的事件。例如,为什么气候变化不只是影响天气,还能影响滑坡、地震及火山喷发的频率?为什么非洲的荒漠化不仅影响非洲的天气和气候,还能影响到全球飓风发生的频率和强度?为什么这些变化能影响其他甚至是远处的自然过程,如地震和火山喷发?

本书的框架是:通过分析系统组成、能量或两者的同时改变引起的状态变化导致的自然灾难,探究状态变化的原因,进而尝试了解隐形灾难对自然灾难的可能影响。引起系统状态改变的方式有多种,最常见的两种方式是系统组成改变与系统运动条件改变。地震撕裂地球,撼动大地,引起液化[1],诱发滑坡甚至产生海啸。河流泛滥的洪水可能会形成破坏性的波浪,冲毁河堤。风

---

[1] 饱和松散沙土在地震波等的作用下变为流态的现象;原文是"turning soils to mush",可能包含液化和使土体疏松两重含义,考虑到液化的重要性和特征性,此处译为"引起液化"。——译者注

可能会扰动海洋或大气,在海洋中形成能掀翻船只的巨浪,在大气层中形成能摧毁飞机的气流。大气压力改变、地球表面冰川重量变化、地壳的温度变化或者流体的迁移等都可能引起不稳定性,进而引起地热或火山的喷发。

一旦了解了引起特定自然灾难的系统状态改变,我们就可以通过工程措施或政策手段来减小它对我们生活与社会的影响。我们该如何应对常见的自然灾难,如中小型地震;又该如何应对那些发生概率很低但对人类和社会经济有重大影响的罕见大事件? 我们对这两类情况要采用相同的处理方式吗? 该如何平衡我们对自然灾难与对我们个人和集体其他问题的注意力,如贫穷、疾病、饥饿? 就本书所讨论的问题而言,更重要的或许是在这个越来越拥挤的星球上,与曾经发生过的自然灾难相比,未来的自然灾难对我们生活的影响会是什么样的? 人口的增加会加剧自然灾害的强度和严重程度吗?

上述问题,每一个都可以单独写一本书。本书只讨论了其中的一些问题,而且受篇幅所限,未予详细解释。本书只提供了回答这些问题的基本科学知识。这些问题是地质学家目前深为关切的,未来数代人可能仍会如此,并且不是一个人或是学术组织,甚至不是科学界单独所能解决的(正如我将在第十章所讨论的那样)。这是全球科学界、工程界、政治和精神领袖及全体公民所要共同面对的问题。我希望通过本书,通过在本书结论一章提出的建立行星地球灾难控制中心(Center for Disaster Control for Planet Earth, CDC-PE),激励读者去探寻这个星球上一切事物之间的关联性,思考这个星球作为一个整体的健康状况,思考作为人类,我们如何才能为我们及子孙后代保有一个健康的星球。

目　录

第一章　地球的恩赐——有还是没有？

文明的存续取决于大自然的恩赐，而这种恩赐会毫无征兆地被剥夺。

——历史学家　杜兰特

1. 状态的悄然之变

与公众的看法相反，人类对于大自然几乎没有多少控制能力，这已为一次次的天灾所证明。我们坚守在已经发生过灾难的文明中心，如果被摧毁了，我们就在原址重建，我们总是相信以我们的智慧与技术能战胜下一次灾难（图1.1）。在与地球的较量中，我们很少能赢。虽然可能会需要一年、几百年甚至几千年，但大自然总会卷土重来。

这个星球上突然降临到我们头上的毁灭性自然事件是如此多变，以至于我们很难抓住其飘忽不定的踪迹。我们一些人经历、见识过地震，一些人长期与洪水缠斗，还有一些人经历过滑坡、龙卷风或者海啸。有时我们惧怕这些事情，奇怪的是，有时我们也会为之着迷——火山之美丽、漂流之刺激、危险水域行船之挑战，或者刷新气球爬升高度之纪录。一些行业，如远洋运输或巡航、开采油气资源的深钻等，迫使我们不得不硬碰硬地直面极端自然条件的挑战。

我是一名行星科学家，一个以地质学家的眼光研究其他星球的科学家。我的学术生涯一直专注于巨大地质作用力科学上，如火山喷发、河水泛滥、陨石撞击等。我研究这类现象之科学的时间之长，以至于对大到能引起新闻注

图 1.1 维苏威火山(公元 79 年曾大规模喷发)

图像中心是人口密集的意大利城市那不勒斯,现在有 300 万人生活在这里。图片由 NASA/GSFC/MITI/ER SDAC/JAROS 和 US/Japan ASTER 科学小组提供

意的地质事件常会熟视无睹。卡特里娜飓风?可能来晚了些,不然情况会更糟,而且一定会再次席卷墨西哥湾岸区。1980 年圣海伦斯火山喷发?微不足道。2011 年美国东海岸弗吉尼亚地震?更不值得一提,但确实令人感兴趣。1991 年的菲律宾皮纳图博火山喷发?确实值得关注,而且在一二十年内会有另一次类似的喷发。2011 年东日本海 9 级地震和海啸?我相信很多人早就希望地球上不再发生这种事。不幸的是,就全球平均而言,大约每 30 年就会发生一次 9 级地震。

在向遭受过不同自然灾害的人讲解灾难动力学的过程中,我渐渐发现我们在知识和交流上存在巨大的鸿沟。经历过或了解一种灾难的人往往对其他类型的灾难知之甚少,甚至根本就没有兴趣。对灾难了解最多的是保险行业的人,即使有时候他们的认识是不正确的。保险业所依赖的精算统计,对于以一定频率重复发生的事件是管用的,如每年春季的洪水。但当用于大的稀有事件时,这一工具是有瑕疵的。统计上百年不遇的大洪水明天就可能发生,而且明年还可能再次发生;也有可能几百年都不会发生。统计上来说平均每百年发生 3 次 9 级以上地震这一事实并不意味着最近半个世纪不会发生 5 次 9 级地震。全球的保险业在 21 世纪头 10 年里在各种灾难轮番肆虐中倍受打击,这使得保险公司越来越强烈地意识到他们需要了解隐蔽在被保险灾难后面的基础科学信息。

这一切使我疑惑:我们的政治领袖及其幕僚是否对可能发生的灾难的数量与规模有基本的把握。令人沮丧的是,他们对此的总体把握似乎常常是漏洞百出。2011 年 9 月,联邦紧急事务管理局(the Federal Emergency Management Agency,FEMA)已经把全年的预算花光在了遍布美国的飓风、龙卷风、森林大火及干旱上。仅仅才 9 个月,花费就已经达到了 1 万亿美元,使得国会为是否及该如何给联邦紧急事务管理局增加拨款而陷入僵局。如果没有拨款,在这些事件中损毁的桥梁、道路、学校和家园就无法修复。激辩的焦点集中在保险公司和当地、州与联邦政府的相对责任划分上。

这种情况并非首次出现。2005 年卡特里娜飓风在墨西哥湾美国岸区造成的许多损毁至今仍未修复,要知道,灾难过去已经数年了。在 2011 年,FEMA 官员抱怨说,现在不仅大灾比以前多了很多,而且越来越多的小灾被列入了救助计划,使得管理局偏离了它原本的职能——应对真正的大灾难。前联邦紧急事务管理局局长威特(J. L. Witt)曾说过,赈灾已经成了一场博弈——不同的国会议员用各种手段迫使联邦紧急事务管理局救助基金向本州的灾难倾斜,甚至倾斜到那些并未达到联邦紧急事务管理局救助标准的灾难上。

正如本章开头所引用的历史学家杜兰特(W. Durant)所说:"文明的存续取决于大自然的恩赐,而这种恩赐会毫无征兆地被剥夺。"在这个拥挤的星球上,即使它还没超员,也没有时间玩游戏了,因为下一场灾难随时会降临在人类的头上,不是我就是我的邻居,或者是一个完全陌生的人,不管是谁,他都是生活在这个星球上的人类的一员。某处的某个人急需物资,而与此同时,另一处的另一个人正在决定准备提供多少物资及谁可以得到这些物资。只有了解各种灾难及它们是如何发生的,我们才有可能做出明智的抉择。如果我们生活的世界只有一种灾难,比如地震,那么我们有足够的能力了解它,应对它。然而,在我们生活的世界中,灾难的类型几乎是无限多的。想要使我们对每一种可能的灾难都做好准备,是一项不可能完成的任务。那么,我们该如何评估不同类型灾难的相对风险,或者说哪些类型灾难的风险相当呢?

所有地质灾难的动力过程都有一个内在的共同特征,即都是由地球能量分布的变化引起的。我称其为"状态之变"。状态之变就是杜兰特所说的"恩赐被剥夺"的原因。能够透彻理解这些概念的人才能做好充分的准备,预防灾难,尽快从灾难中恢复。

2. 灾难:自然的,非自然的;技术的,隐形的

"灾难"这个词的词根最早可以追溯到 16 世纪的中古法语和古意大利语,指的是一种据说是因为星体的坏排列引起的自然事件("天空"出现了"灾星")。在现代,在官方行动中,比如在宣布受灾区域时,"灾难"是指对人类造成重大损失、伤害或毁灭的事件。现在,我们知道我们视之为灾难的事件其实是地球上的地质过程产生的,不再相信灾难是由于象征厄运的星体排列造成的,我们称其为自然灾难。几乎所有的自然灾难都源自风暴(飓风、龙卷风、洪水),地震(摇晃、液化、海啸、滑坡),火山喷发。

人类自己可以造成强度与自然灾难相当的灾难。这些灾难都是人为造成的,是"技术"灾难。引人关注的常见技术灾难源自核事故、爆炸、生物恐怖袭击和极端钻井事故。21 世纪,在我们这个人口稠密、高度互联的世界,灾难类型既包括自然灾难,也包括技术性灾难。

在保险条款中,"自然灾难"属于经典的"不可抗力"事件,其起源和人类无关。典型的自然灾难通常发生突然,并立即对地表造成巨大改变,在高度信息化的现代社会,这会受到媒体和公众的高度关注。也有一些灾难的发生比较

缓慢,而其后果在初期也不会立即显现出来。一些慢性灾难显然与人类活动有关,比如土壤肥力流失、海洋酸化与富营养化、森林盗伐、饮用水污染、生物多样性消失。其他如气候变化、干旱、荒漠化、瘟疫、饥荒、流行病、热浪、外来物种入侵等,可能是自然与人共同作用的结果,而究竟是哪种因素的贡献大,看法常有尖锐分歧。为清楚起见,我将所有慢性灾难称作隐形灾难,不过这已超出了本书的范围。灾难,从纯自然灾难到纯隐形灾难,有一个很大的分布范围。

世界银行曾于 2010 年发表过一份报告,标题是耐人寻味的"自然灾难,非自然灾难",该报告将灾难划分为"自然灾难"(即所谓的天灾)与"非自然灾难"(次生灾难)。(这些论述同样适用于技术灾难,虽然该报告并未考虑这类灾难。)在非自然灾难中,一个灾难导致了另一个灾难(次生灾难)的发生。非自然灾难是由个人或政府的行为与政策所导致的,会导致比自然灾难更多的伤亡。这些额外伤亡往往是灾难前一系列多层级不适当甚至错误的决策累积作用的结果。美国卡特里娜飓风和东日本大地震都有非自然灾难造成的悲剧。

在东日本大地震和海啸发生之前,在 2010 年出版的同一份报告中,世界银行估计到 21 世纪末,自然灾难每年造成的损失将高达 1 850 亿美元,这还不包括气候变化每年造成的约 540 亿美元的损失。但是东日本大地震的损失就超过了 2 000 亿美元,显然,世界银行的估计明显偏低。由人类引发的技术灾难,如化学(核泄漏)、溃坝、爆炸、火灾和战争造成的损失在日益攀升,差不多都已和自然灾难相当了。更不幸的是,随着地球人口的增加,自然灾难和非自然灾难越来越密不可分。

3. 知道知道的,知道不知道的,不知道不知道的

科学对自然灾难及其成因的了解是不完全和不确定的。至少从定义上来说,灾难是稀有事件,因而很难研究。我们对这类事件的知识总是不完整的。时任美国国防部长拉姆斯菲尔德(D. Rumsfeld)在 2002 年一次广为报道的新

闻发布会上,在讨论一个完全不同的话题(评论阿富汗当时日益不稳定的军事和政治局势)时,谈到了知识的不完备性这个议题:

> 我对报道所说的某些尚未发生的事情总是很感兴趣,因为我们知道,有**已知的已知**①,有些事,我们知道我们知道;我们也知道,有**已知的未知**,也就是说,有些事,我们现在知道我们不知道。但是,同样存在**不知的不知**——有些事,我们不知道我们不知道。

有些人嘲笑拉姆斯菲尔德,英国简明英语运动组织 2003 年颁给他"笨嘴拙舌奖",认为他的话是"一个公众人物的一个莫名其妙的评论"。而其他人,包括许多科学家和哲学家,则认为这句话引用了一个可以追溯到苏格拉底时代的重要而古老的概念:"我知道我非全知"或"我知道有不知道的东西"。明白、不明白,知之、不知之是重要的议题,大量的经济、军事、法律和科学文献都讨论过。要在这个我们称之为家的活跃星球上做好防备灾难工作,这些都是至关重要的问题。

拉姆斯菲尔德的陈述可以应用于两个框架:集体知识状态的一般框架和个人知识状态的独特框架。总体上我们知道什么?我知道这个总体知识的哪些碎片?我如何从总体智慧中获得知识,以减少我一生中不知道的未知事情?我如何将我的所知融入集体知识框架,使之为他人所用?

在我们的个人生活中,"知道的已知之"是几乎全人类都熟知的基本知识,如昼夜的交替、季节的长短、家庭成员之间错综复杂的关系、人与人之间相互交往的礼仪、典礼的规程和我们周围世界的日常运转等。

在细节上,我们每个人"知道的已知之"并不完全相同,因为地球是如此之大、人与人是如此的不同。生活在沙漠的人对风沙的性状熟识,生活在河岸边的人知道河水的丰枯。大多数人本能地知道他们周围的正常世界。我们步行、骑单车或开车穿过我们熟悉的世界。在简单情形下,我们表现为独立的个

---

① 黑体是作者所加的强调。

体,因为我们已经有足够的知识,知道我们周围的世界如何运转,我们会躲避沙尘暴,会保护自己以免溺水。

当复杂情况出现时,我们就会发现集体知识状态和个体知识状态之间的反差会越来越大。一些罕见的事件,我们可能没有亲身经历过,但可以通过历史上传承下来的集体知识知晓,在今天,也可以通过电视或互联网播报来了解。这里举两个例子:龙卷风搅动平静的大气形成持续数日遮天蔽日的沙尘暴;几十年一遇的9级大地震。我们从集体意识处知道"陆地"也并不是一成不变。

有一些事件,虽然极少发生,但又有极大的不确定性,我们不清楚它们随时会发生,也不清楚会是什么样的。这些就是"**已知的未知**"。作为一个社会,我们已经发展了多种方法以应对这些事情,例如,公共政策、备灾、保险。事实上,保险业就是为应对已知的未知事件而专门设计发展的。两件事催生了保险业,首先是1666年烧毁了13 000多栋建筑的伦敦大火,然后是1755年的里斯本大地震。

一个悲剧性的已知的未知事件的事例就是2011年的东日本大地震。我们知道会发生大地震,但我们知识中的不确定性使我们无能力确定它何时、何地及如何发生,也无法预知灾难的规模会有多大。反过来,这些不确定性,使科学家忽略了另一个事实:地震引发的海啸会摧毁日本本州东北部的很大一部分。

在20世纪,关于地震,主流的观点是认为地震的规模取决于断层的破裂长度,所以科学家忙着在地壳中寻找老断层存在的证据。小、短的断层应当只产生小到中等强度的地震,只有大断层才有可能形成大的地震。2004年的苏门答腊大地震,据估计震级达到了9.1～9.3级(平均为9.2级),似乎就很符合这一模型,它是由沿一条长约800英里(1英里＝1 609米)的大断层的破裂形成的。在日本,在东京西南方向就发现过这样的大断层。大断层与大地震之间的相关性是如此之高,使得日本议会于1978年通过了一项法律,决定在该地区提前进行地震灾难预防。

悲剧的是,这个范式是错的。造成东日本9级大地震的断层仅有约125

英里长,并且是在东京的东北方向而非西南方向。如此小的断裂何以能造成如此大的灾难? 抱着下次我们可以做得更好的愿望,从这一悲剧事件中吸取的教训会促进科学的进步。只是,这种进步是十分缓慢的,而且代价也是十分昂贵的。

什么是"不知道的未知"? 我不想在这里进行深入的哲学探讨,只是想提请你注意:我们的知识是不完整的。我们的生存状态,就我们目前所知的,会不会突然以我们未曾经历过甚或想象不到的方式改变吗? 换句话说,不知道的未知是可能存在的吗? 记得杜兰特说过的话吗,"文明的存续取决于大自然的恩赐,而这种恩赐会毫无征兆地被剥夺。"这可以理解为一个没有前兆的地质事件,或者可以理解为一个极其罕见的事件就是不知道的未知,要知道,虽然现代人类非常善于记录历史事件,但其历史相较于地质历史而言,实在是太短暂了。在这个相当宽泛和模糊的意义上,东日本大地震和海啸事件几乎就是一个不知道的未知。对杜兰特话的第三种理解是:我们可能根本想象不到未来地球还会有什么样的灾难在什么地方、什么时间降临到人类头上。从这个意义上讲,存在像塔勒布(N. Taleb)所说的黑天鹅一样的地质事件。

人类的进化,特别是科学的进步,就是将不知道的未知改变为知道的已知(事实)及知道的未知(与这些事实相关的不确定性)。20 世纪后半叶的两个发现可以作为示例:板块构造和陨石撞击导致的生物灭绝。这两个地质过程,在今天看来是显而易见的,但在一个多世纪以前,是困惑许多科学家的未知,是这个星球上未曾发现的状态之变,是未知的未知。这正是地质学家可以以独特的视角发现真相之处,我们可以透过漫长的地质年代记录尝试发现、了解地球的演化过程。像我这样的地质学家的作用就是揭示这些可能的事件的规模,并透过这些认识,评估这些事件在现实环境下的影响。从这种意义上来讲,我们就是试图把黑天鹅变白。

一旦把这些事件纳入包含不确定性的已知的已知领域,人们便能觉察到周围世界的变化过程,包括各种灾难。上文提到的世界银行报告称,对灾难及其成因进行普及和教育应是目前政策的重心。虽然文明社会已相当复杂，但是人类和社会架构远未对意想不到的状态之变做好准备，尤其是罕见的事件。为这些罕见事件做准备是十分昂贵的，与其他迫在眉睫的事情比起来好像也不是那么急迫。然而，理解状态变化是如何发生的，以及它们在地质尺度上会产生什么后果，无论是对我们个人的生存还是对文明社会的生存，都至关重要。我们可能无法阻止灾难，但可以预防并亡羊补牢。这种努力需要私人和公众部门、个人和政府进行通力合作，要求公民个人理解并修正危险的实践与行为。通过理解灾难动力学及通过状态改变的角度来审视灾难，我们可以发现灾难成因暗含的统一性，从逐个灾难中汲取教训，最终达到个人与集体的决定和政策能减小自然灾难对我们生活的影响。

4. 灾难概览

什么导致自然灾难？如果我们知道了灾难背后的动力学机制，我们能否控制它们？或者至少消减其影响？或者，我们面对灾难依然无能为力？为与地球和谐相处，我们能做什么？或者，是否有这种可能性？或者，人类是否总要与非人类的世界缠斗？为阐述这些及其他问题，请让我带领你踏上一程世界之旅，去调查动力及导致灾难的状态之变。

我认为本书和它的章节有点像一次经典的野外地质旅行。一种由来自世界各地的地质学家通过相互探访他们的研究地区来建立知识共同体的方式，称为现场会议。这种会议并不在城市里巨大的会议中心召开，而是在能看到让人感兴趣的岩石或议题的小地方甚至是偏远的地方召开。会议通常以一系列涉及研究回顾、研究现状、科学问题及考察点介绍的报告开始。然后与会者到野外实地查看岩石，用锤子敲，用放大镜看。然后会有热烈的讨论，此处的岩石与地质学家在世界其他地方看到过的岩石有什么相像之处，有什么不同之处。最后，我们通常会在晚上重新聚集在一个舒适的地方，一边喝着酒，一边讨论一些细枝末节问题或者整体情况。

我在全世界参加野外地质旅行是想给你们展现地球动力及其灾难的多

样性,关注的事件的发生频次是数十年级至数百年级,偶尔有数千年的,但没有更长的。我们需要到世界各地去考察,不然我们只能从周围环境中了解当地的灾难,正如地质学家需要到世界各地去了解岩石之间巨大的差异性,不然他们就只能局限在他们的研究领地,只见识到当地的岩石。如果我们只见识过周围环境中的一种灾难,就无法洞察其他地方的灾难。幸运的是,现代全球通信使得我们能接触到全球的状态信息,因此我的目标之一就是激发你利用这一便利条件拓展自己的眼界。如果没有这种全局观,利己主义就会主导一切,就会出现上文提到的情况:国会议员为如何瓜分联邦紧急事务管理局蛋糕争执不下,而灾难中的无辜受害者翘首等待救济数月甚至数年。

我们需要回顾历史。因为人的生命是如此的短暂,使得我们有一个重大的局限:我们个人一生只能经历地球演化进程中微小的一瞬间,即使进入了互联网时代,这一局面也不会改变。也就是说,我们的视界不只是空间上有局限,时间上也有局限。

一些灾难数千年甚至上万年才出现一次,例如大型火山喷发。地质学家具有双焦镜样的眼光。地质学家能在从局部到全球的多尺度看待世界,尽管在时间上我们的生命是短暂的,但我们依然要花时间审视现在、探究过去,透过时间,我们可以回溯到四十几亿年前地球开始时。我的目的就是与大家分享这种双焦观点。

参考现场会议模式,在开始我们的旅行之前,我在第二章先介绍一下灾难动力学及其根本原因——状态的变化。然后我们开始去各地考察各种灾难。首先,在第三章,我们去地下深处,看看在地震中断层错动时发生了什么。然后我们跳回到地面,看一个在地震中引起巨大破坏的罪魁祸首:液化。在第四章,我们搭乘"埃尔姆的飞毯"来考察滑坡,瑞士的一个滑坡在摧毁村庄前像漂浮在气囊上。我们将考察地球上迄今已知的最大滑坡,发现的一些证据表明其迷人的过程与地震中所发生的有一些相像之处。活火山建造上的滑坡能引发火山喷发。在第五章,我们将考察华盛顿州的圣海伦斯火山和菲律宾的皮纳图博火山,探讨火山喷发的动力学。

第六章的主题是滑坡和火山喷发引起的海啸，当然，它们要发生在海洋附近或其中。海啸在靠近陆地时掀起的浪会很大，但在开阔的海洋上，相对来讲比较平缓甚至难以察觉。开阔大洋中的大浪并不是海啸，而是由风引起的。在第七章，我们将通过探访一些著名的危险洋域探讨大浪的成因与影响。在第八章，我们将上升到空中，看看在大洋掀起滔天巨浪，在陆地刮起致命龙卷风的巨大气流。在第九章，我们将造访澳大利亚，在这里我们将看到严重干旱与泛滥洪水的交替肆虐，我们将探究这种情况与厄尔尼诺和拉尼娜的关系。

从第三章到第九章，在每一章的最后，我都加了一个题为"反思"的小节。在这一节里，我像在野外考察的夜晚一样，对与该章主题相关的问题进行了深入的思考。在第十章，我通过对"我们的文明是否是大自然的恩赐"这个问题的回答来作为全书的总结。在这一章，我梳理了我们与这个活动的星球共存的基本要素，作为建立一个类似于美国疾病控制与预防中心（the Centers for Disease Control and Prevention，CDC）的世界组织（至少在概念上是如此）的倡议。考虑到跨部门合作的困难性，正如我们在飓风卡特里娜和桑迪之后在美国所看到的那样，这可能是一个不切实际的梦想。但是，思维实验表明，如果我们有集体意志，我们就可以减小自然灾难对我们的影响，也可以减少人类对于地球资源的依赖和对非人类栖息地的占有。

第二章 动力与灾难

1. 地震、海啸和火山喷发

我们动身进行野外考察之前,让我们先看一下自然灾难的总体情况,探讨一下其一般性的本质。谁曾想到,在 21 世纪的头 11 年里,大自然发动的灾难中,有美国历史上损失最惨重的飓风(卡特里娜飓风,2005 年),伤亡超过 30 万人的地震及海啸(苏门答腊,2004 年),分别造成 10 万人(海地,2010 年)和数万人丧生的地震(中国四川省,2008 年),规模不大却造成全球空中交通损失超过 50 亿美元的火山喷发(冰岛艾雅法拉①,2010 年),而其中最严重的灾难则是在全球注目下摧毁了日本北部海岸并引发核灾难的地震与海啸(日本东北,2011 年)。保险公司肯定没有想到,不然他们一定会事先大幅提高保险费率!这些灾难和其他一些相对较小的自然灾难累计造成了约 100 万人的伤亡,财产损失累计逾数千亿美元。2011 年,仅美国就至少有 14 起灾难,每一起灾难的损失都超过了 10 亿美元。

灾难是动态的。通常情况下,地球的地质演变过程是按照地质频率发生的。天气冷暖,季节交替,大地稳定,大洋依旧。然而,地球是一个动态的系统,所储存的能量不断在地球内部从一种形式转换到另一种形式——如地壳中的应力与应变,大气海洋里的热量,或者供应火山的岩浆室里溶解气体的能

---

① 又译为"艾雅菲亚德拉",这里指艾雅法拉冰盖下的火山。——译者注

量。在更小更独立的尺度上，能量以各种形式储存在我们周围：热水器中源源不断增加的热量，压缩进汽车自行车轮胎的空气，充气的轮胎里储存的应力与应变，汽车发动机里汽油储存的化学能，取暖用天然气里的化学能等。

积累的能量以有害的方式突然释放就会造成灾难。当你的热水器突然出现裂纹，热水和蒸汽释入地下室时就是一场灾难。当压缩气体的轮胎在高速路上突然爆裂，它也是一场灾难。当发动机里本应用来驱动汽车前进的汽油突然爆炸点燃汽车时，它同样是一场灾难。在自然界中，当来自地球的能量释放到人类社会中时，灾难便作为风暴、地震、海啸和火山爆发出现。产生这些灾难时，地球的正常状态正在变化，变为一种动态的、剧烈的、毁灭性的状态。这种能量释放是偶发的且无规律的。让我们看看下面这些例子。

在 2010 年 1 月 21 日，一场里氏 7.0 级的地震发生了，震中位于海地首都太子港以西 16 英里人口稠密地带。这里是世界最贫穷的国家之一，他们简陋的棚户房只能保护人们免受热带热浪、风和雨水侵袭，在大地震前则无能为力。建筑规范要么不存在，要么根本没被执行，但在正常状态下这些简陋的住宅提供基本的庇护，因为是建立在坚实的地面上，并且是地面很稳定的情况下。

然而，2010 年地震时地面的正常稳定状态发生了巨大的变化。在很多地方坚实地面剧烈震动使脆弱的棚户区住房倒塌（图 2.1）。在其他一些地方，尤其是矗立在港口附近人工岛上的建筑下，坚实的地面变成了糊状液体（类似于流沙），无法支撑这些建筑。尽管多方调查数据不一，但在地震中死亡的人数估计超过 5 万，可能达十几万人，其中绝大部分是基础设施倒塌的受害者。地震还造成十几万人受伤，一百万人无家可归。

仅仅 8 个月后，2010 年 9 月 4 日，几乎同样大小的地震（里氏 7.1 级）在新西兰基督城①外仅 15 英里处爆发。基督城是新西兰一座人口近 40 万的城市。由于地质条件不同，这次地震产生比海地地震时更剧烈的地面震动。又一次，固体地面变成软糊状，使基础设施遭受严重的破坏，但幸运的是没有人死亡。在这里，地震可能的危害已经被预料到了，也有严格的建筑规范，并且这些规

---

① 原文 Christchurch，国内译作"克赖斯特彻奇"，海外华人意译为基督城。——译者注

图 2.1　2010 年海地地震造成的破坏

穆尼(W. Mooney)摄(来自美国地质调查局)

范被很好地执行了。这些因素可以解释为什么在海地和基督城存在着巨大差异：一些人完全没有意识到，正常的地面可能从固体变为糊状这种危害，而另一些人从一开始规划建设时就有考虑到。

　　如新西兰一样，生活在日本沿海城市的人们对地震、海啸的准备和预警非常充分，这源于他们历史上饱受板块火山运动带来灾难的洗礼。建筑物必须满足严格的建筑规范，一些社区甚至修建了 30 英尺(1 英尺＝0.305 米)高的防波堤坝以免受风暴和海啸摧残。即使拥有如此危机意识的日本人依然在 2011 年 3 月的巨大灾害面前不知所措。没有任何征兆，这次史上最强的 9 级地震，在距日本本州东部人口最密集的地带仅 43 英里处爆发。

　　该地震现在被称为东日本大地震，地表区域被摧毁后，这次地震地面震动比海地或基督城地震更加剧烈。东日本大地震的地面加速度是有史以来最高的。即便如此，也不应该造成现在这么大的伤亡，但是地震引发第二波，更为致命的状态变化。在震动时，地壳的一侧在眨眼间弹跃起 15～25 英尺(按地质学标准)，推动一面巨大的水墙向岸上扑来——一场巨大的海啸。上岸时，海浪最高点已经超过了 132 英尺(相当于 13 层楼高的建筑)，其他区域也超过了 50 英尺。这个高度下,拍向海岸的海啸直接越过最高的防波堤,摧毁了沿岸城市。16 000 名伤亡人员中 90％受到了海啸的影响。从某些方面来说,这种由地震引发的海啸是 7 年前印度洋 9.2 级地震引发海啸的翻版(超过 100 英尺的海浪)。海啸波及整个印度洋,在 14 个国家造成了超过 25 万人员伤亡。

　　在地球的另一边,冰岛人的生活是和平安定的,但是他们也警惕着,警惕着火与水的威胁。火来自火山,水来自冰川里的冰。然而这两大威胁常年交替肆虐这片土地。在 2010 年 3 月 20 日前,可能经过几年或几十年的抬升,熔化的岩石(熔岩)进入了艾雅法拉火山(以下简称"艾雅火山")的喷发系统,并在当天从地表喷发而出,场面蔚为壮观(图 2.2)。

图 2.2　2010 年 3 月冰岛艾雅法拉火山喷发初期

气体和火山灰沿断层破裂喷涌而出,岩浆从断层两侧倾泻而下。照片由地球科学研究所(Institute of Earth Sciences,IES)的 Sigrún Hreinsdóttir 拍摄

　　这座火山被巨大的冰川所覆盖,但 2010 年这座火山却在无冰区侧面爆发。像很多人在世界各地看到过的火山爆发一样,这次爆发的气体推动着炽热的岩浆和火山灰到达几百或几千英尺的高空中。这一阶段的爆发是壮观

的,但又不失温和,可以让徒步旅行者和摄影师到达有利地点进行观测,享受引人赞叹的景观。

岩浆是熔化的岩石,其中含有水、二氧化碳和二氧化硫等气体。正常状态的地下岩浆就如同被围困的一罐汽水:气体溶解在熔融的岩石中就如同二氧化碳溶解在调味糖水中的苏打一样。能量存储在压缩气体中。随着岩浆在艾雅火山的管道系统中不断上升,压力下降到气体足以冲出岩浆的范围,就像是刚打开的苏打汽水。这一过程中,岩浆从溶解着气体的液体变为含有无数气泡的液体,然后喷发到空气中形成含有气体和火山灰的混合物。当气泡从岩浆中溢出时,火山灰红热的火舌张牙舞爪地窜入大气中——这种状态改变形成了壮观的景象,但实际上却算不上一场很大的爆发。尽管这次喷发被广泛报道(很大程度上因为火山喷发非常接近一个登山道,记者和游客可以接近),但这次爆发几乎没有造成破坏。

这种形式的喷发一直持续到 4 月 12 日,艾雅停止活动。但仅仅两天后,地下岩浆发现了能够通往西边的新通道,它通过这个新的通道喷涌出来,该通道口位于艾雅山顶上满是冰块的冰川上。岩浆融化冰块,使得巨大的洪水往南部海岸汹涌而下。800 多人不得不撤离。融化的冰水中还夹杂着滚烫的岩浆,形成碎裂的细灰——这个过程就如同在火热的炉子上将水倒入滚烫的油中一样。最终,火山本体爆发,随着热气体推入高空中形成高耸的羽毛状的火山灰。这种火山喷发,首次出现是小普林尼(Pling the Younger)在维苏威火山进行的记载,此火山于公元 79 年爆发,因此这种火山爆发方式称为“普林尼式喷发”,其高耸的火山灰和气体列被称为“普林尼式列”(图 2.3)。

重新喷发当天,一股高空急流恰好飘过冰岛上空。火山灰升至约 26 000 英尺大气中,进入高空急流。同一时刻,高压系统悬停在欧洲上空,于是气流就盘踞在那里。艾雅一直不停地将火山灰喷入高空急流,气流像一个巨大的传送带,将火山灰带到斯堪的纳维亚和欧洲上空,阻挡了各大航空公司的航线。

即使是少量的火山灰对飞机的影响也是巨大的,我亲历的一次是在 1980 年春季,圣海伦斯火山开始活跃的时候。我们驾驶着直升机在暴风雪中围绕

图 2.3　2010 年 4 月冰岛艾雅法拉火山第二次爆发
棕色的火山灰云越过大西洋上空飘向欧洲。照片由美国国家航空航天局
(NASA)拍摄

着火山口打转,并没有意识到火山喷发出的灰烬混合在雪花中。着陆后,我们
发现了火山灰所造成的影响——虽然很小,但非常严重——直升机螺旋桨的
前缘部分,火山灰微粒腐蚀了所有的油漆,以及暴露的金属!火山灰能够破坏
飞机着陆所使用的灯管;沙粒喷向飞机挡风玻璃时,可能迫使飞机紧急降落,
并损坏机身。它会阻塞敏感的进气口("空速管"),该设备是测量航速的必要
部件。火山灰就像陶瓷,仅在高温下熔化,而喷气发动机恰好是高温状态。发
动机通过吸入大量的空气冷却,可如果吸入的空气中包含火山灰,火山灰熔化
然后在敏感部位冻结,设备上所涂抹的陶瓷膜的操作性能将发生变化。1982
年,在 36 000 英尺的高空,英国航空公司的飞机经历了来自印度尼西亚火山喷
发的(不可见的)火山灰云,失去动力,迅速跌落至 12 000 英尺的高空——在引
擎可以重新启动之前那可怕的 4.5 英里垂直落差。1989 年,一架荷航飞机飞
近阿拉斯加里道特山后遇到了类似的情况,蒙受的损失超过 8 000 万美元。

冰岛艾雅火山的喷发使个人乃至全球经济付出的代价是巨大的。在 20 世纪,这次较小的爆发,就使我们的全球运输和经济互联系统首次大规模地展现了其脆弱性。欧洲空域被迫关闭了 6 天,超过 10 万架次航班在 8 天内被取消,对大约 1 000 万名乘客造成影响。光是给航空业造成的损失就约 17 亿美元。欧洲国家面临粮食短缺,而非洲国家却不得不丢弃无法运送的粮食。汽车制造业供应链被打断,致使亚洲经济体受到冲击。所有这一切都只是由岩浆和冰川的正常状态——动态而剧烈的能量释放过程而导致的。

这些灾害都是动态的。当存在于地球内部种种形式的能量突然以某种危害人类的形式释放时,灾难便发生了。释放是偶然发生的且常常不可预知。在几个短暂的地质年代,地球的正常地质过程似乎变得疯狂,它们平常稳重的步伐突然迅速地改变,节奏变得强壮、有力、具有毁灭性。

灾难发生时,一些东西会被扰乱现状。这些“东西”并不是一件平常事。地震发生时,地壳运动引起应力变化,改变断层周围岩体的状态,直到其最终破裂。能量在地震中得到释放,断层周围的岩石快速返回到某种新常态,又一个循环开始。海啸发生时,断层破裂致使海底和海洋表面的正常状态突然变化。海啸越过大洋传播,几天后海洋又归于平寂。在火山爆发时,长期隐匿在岩浆中的气体被释放、喷发,然后消失,之后火山系统再次进入新的正常状态中。

这些例子表明,当一些东西发生变化,灾害是一种可能性——我们需要牢记这种可能性,作为一个个体,或是这颗星球上的一个物种,我们必须努力地活下去。灾害发生的代价越来越大,波及范围越来越广,且随着地球人口大爆炸,将有越来越多的人会生活在灾害易发地区。我们不能阻止地球偶尔释放它的能量,但我们可以考虑什么时候需要进行补救与恢复,并从长计议。

2. 自行车胎爆:状态之变

正如我刚才所说:“‘有些东西’变化,导致灾害发生。”这其实对大家也没什么帮助。因为我们可以做得更好。更具体地说,在前面的例子中关于“变化”的各种形式可归结为以下两类:

◇ 第一,物质条件的变化。坚硬的岩石在地震中几近碾成齑粉;固态的大地——"陆地(terra firma)",亦可以变成液体状态。这些都是我称之为"状态变化(change of state)"的变化类型。

◇ 第二,运动状态的变化。火山喷发过程中,岩浆和气体从静止加速到难以置信的高速。这些变化被流体力学家称为"势的变化(change of regime)",不幸的是,这个词的另一个意思,因美国总统比尔·克林顿和小布什在推翻伊拉克萨达姆·侯赛因时而流行起来。①

灾害动力学是研究状态和势的变化是如何发生的,地球上各种形式的能量如何随时间的变化,以及这些变化如何引起灾难的原因。

从技术上讲,状态和势的变化是由一组称为"状态变量"的参数及相关方程来描述的。在力学系统中,如汽车行驶在高速公路上或行星绕着太阳运行,其中典型的状态变量就是位置和位置的变化(速度)。热力系统中的状态变化就是温度变化。在热力系统中,如自行车轮胎中气体膨胀导致的爆炸,或者火山爆发,其中典型的状态变量是温度、压力、内能、焓、熵和体积等。在以上系统中,状态变量之间的关系以状态方程描述,并把状态变量的变化被称为"状态变化"。比如大家都熟悉的压力、温度、体积等这些气体状态方程中的状态变量。

运动是由力的作用而产生并由位移、速度和加速度所描述。状态方程称为"守恒定律",它支配物体运动并将其与作用于系统的力和改变物质性质的力相联系。

状态方程和守恒方程之间的关系听起来很复杂,但我们会惊讶地发现它们经常出现在我们的日常生活之中。我的丈夫头脑灵活,尽管他不是科学家,但他无意中(值得纪念的)也遇到了状态和势的变化。

那天他在车库里为一个泄气的自行车轮胎打气,因为它不是处于完全的放气状态,打气时,轮胎可看作一个具有恒定体积的刚性容器(容量比 1 加仑多一点,1 加仑=3.785 升),当他不断给轮胎打气,轮胎变成一个不断充气、内

---

① "change of regime"亦有"政权的倾覆"之意。——译者注

部压强越来越高的容器。气体是可压缩的：当你向它施加压力时,它的体积减小(等价地,它的密度增加)。向轮胎增压,不仅使其密度增加,轮胎内部的温度也在上升。(充气时,将你的手放在自行车或汽车轮胎上,就可以感觉到这种效应。)气体服从状态方程所涉及的三个变量:体积、压力、温度。当我丈夫快要给轮胎充完气时,气体达到足够高的压力,充入的能量均匀地填充满整个轮胎。

不幸的是,我的丈夫没有看轮胎上印的压力限制警示,他很强壮,不停地打气,直到"砰"的一声轮胎爆了。即使在他的耳朵嗡嗡响了几天之后,我的丈夫也对我挪揄他发现了状态变化和守恒定律的事毫无兴趣。释放压力使气体进入体积更大的车库,这种扩张开的气体从存储容器中的静止状态,通过轮胎上的裂缝增加到非常高的速度——这就是运动守恒定律的一种表现。(其实,当我给他一张类似的火山爆发的图片时,我确实引起了他对这些事物的兴趣)。当气体扩散时其状态发生变化,而一个轮胎从高压状态变成普通状态,橡胶的物质状态会发生改变。

当轮胎爆裂时,储存在轮胎中压缩着的空气能量,在气体从缝中溢出时转化为气体的动能。空气冷却(状态变化)并加速(势的变化)。当气体冲出轮胎时,就像一个活塞高速推动它周围的空气,在车库形成一道冲击波。

上述例子表明,物质状态变化会引起运动状态变化。在这些变化中,能量以某种形式储存在没有发生运动的物质中,例如加压气体的内部能量,在物质移动时能量转化为另一种形式。我们将在本书中探索多种灾难爆发的可能性。灾难一般由地球物质的运动形成——一般但并非总是以高速度发生。地震、山体滑坡、海啸、火山爆发和大气风暴或大或小都涉及物质的运动,使能量从一种状态转化为另一种状态。

3. 足球、银行账户和珍宝

在自然界的系统中移动的物质服从确定的原则,而在人类社会中有许多类似的例子。一场比赛结束后,人们离开体育场,首先到达停车场,然后进入街道和公路直至回到家中。他们离开或到达的地方称为"储集所（reservoir）"，移动的物质称为"存量（stock）"，运动方式称为"流量（flow）"。存量（人）从一个储集所（体育馆）流向另一个储集所（停车场），或者存量（汽车）从停车场流入街道。存量只是在某个确定时间中存在的量，而流量是存量随时间的变化量。

一些储集所存在明确的物理边界，如体育馆、停车场。本书中，当我们讨论诸如地震、泥石流、火山等事物时，会处理一些定义相当明确的储集所。但有许多储集所不能作为有形的物理对象来绘制边界。例如在天气系统里，空气在大气层中从高压区流向低压区。对于气象学家，这些高低压系统的压力只有具体的标准而非物理中的边界，但储集所的概念同样有效。当我们讨论天气、河流和海洋时，会处理这些更抽象的储集所。

存量、流量、储集所的概念被广泛应用于经济学、会计、商务等领域。存量是以"某物"为单位度量，流量是以"单位时间内某物"的度量。考虑用从银行取出的钱去购买杂货及支付家庭开支。存量以美元计算，流量则以美元/月（或每周或每年）计算。持有存量的储集所是银行账户，接收存量的储集所是钱包或存折。

不幸的是，存量和流量各自都有不同的多种可能的测量单位，这可能使人经常混淆。存量可以用磅（1 磅＝0.454 千克）、吨、英里等；流量可以用磅/秒、吨/分钟、英里/小时等。我将尽可能使用直观的单位，但是请记住，我们谈论的只是"物质"（存量），以及"单位时间内的物质"（流量）如何运动。

这三个支配要素运动的定律可以粗略地归纳为"要素守恒"，"要素"是指质量、动量或能量。这三条定律必须辅以描述物质的特性，气体？液体？固体？或三者的组合体？

质量守恒定律是一个非常简单的概念：质量转移到某处，质量就得从别的地方出来。如果进去的质量并不等于出来的质量，那么储存在空间中的质量一定还在某处——质量不会凭空消失。想想你的房子：你从商店购物买回东西，又去垃圾站扔掉东西。如果这两个不相等，那么多余物质将会储存在你的房子里。可以将其大致想象成一条装配线：物质以一定的速率进入家里——如每周的收入；又以另一个速率出去——如每周的支出。如果这两个不相等，那么物质最终会不断地存储在你的房子，周而复始。

理解**动量守恒定律**有点难度。动量是运动的质量。想想两个橄榄球运动员——一个身材高大行动迅速，另一个身材短小行动缓慢。假如他们都试图解决一个中型的四分卫。小家伙只能反弹四分卫的球，而这个大家伙能扳倒他。这就阐释了动量，即质量和速度的结合。这个大家伙只是比那小家伙拥有了更多的动量，因为他的块头大、速度快。动量守恒即牛顿第二定律：力可以改变动量。运动中的物质受力的作用，其动量会发生改变。在橄榄球的激烈对决中，当阻挡球员击打四分卫时，他的动量减少，而受到击打的四分卫的动量增加。然而，在只有这两个球员组成的整个系统中，动量的变化为零（在理想的情况下，碰撞没有能量损失）。

能量守恒定律是实证的观察，在一个系统中能量的总量保持不变（即"保守的"），但可以更改其形式。本书关注的能源形式是重力势能、动能、内能和应变能，通常称为弹性势能。"势能"是容易获取的，物体只要在重力场中有一定高度即可。如果你是在一座高楼上，你就比地面上的人拥有更多的能量。如果你跳楼而出，势能转化为动能将成为加速的自由落体。动能是能量，可以通过运动得到；你走得越快，就有更多的动能。能量的总量保持不变，但它的形式改变了，正如从建筑物的顶部跳下到达地面。如果你幸运的话，你跳的时候，可能会落在一个蹦床上，然后动能将转化为"应变能"。简单地说，应变意味着"改变形状"，应变是由物体形状的改变而获得的能量，因为力作用于它。不幸的是，如果没有蹦床，动能将使你的骨头散架，在碎裂声中转化为热。如果你跳跃时携带一瓶汽水，落地时汽水瓶破裂，"内部能量"使存储在苏打水中的压缩气体得到释放，并转化为动能，苏打水洒了一地。或许还有其他形式的内能，但上述几种能量才是本书中最关注的主要对象。

要完整地描述物质运动的守恒定律，我们还必须描述物质内部如何应对力的作用。当你向气体加压，它将更加稠密，在一些条件下，温度还会增加。当压力增加或减少时，气体的密度会发生变化，这意味着这种气体是"可压缩的"。状态方程在数学上描述的是一种气体状态如何发生变化。在管道中流动的液态水的状态方程比天然气的更简单。对于本书的实用目的,对水施加压力,水的密度不改变。水是"不可压缩的":大多数情况下(除非它冻结或沸腾),其物质的状态不会发生明显变化。因此,当我们观察水、熔岩或管道中气流的行为时,忽略状态方程是允许的,但只讨论势的变化是必要的。我们将在后面的章节探讨这些行为。

4. 瀑布:流势之变

一旦物质移动,它们所移动的环境将变得重要,可通过简单地观察河道内水的流动了解,如自然小溪或河流(图 2.4)。物质的运动不仅依赖于力的作用,同时还有开始运动时的状态(初始条件)及环境的约束(边界条件)。举例

图 2.4 溪流的池-滩系统中溪水流势的转换

池中的水从静水状态加速通过滩后进入另一个池中再转入静水状态。这种转换在一些溪流中会接连出现。照片属于美国农业部(the United State Agriculture Department, USAD),引自 http://www.ars.usda.gov/research/docs.htm? docid=4098&pf=1&cg_id=0

来说,汽车行驶在拥有两个车道和红绿灯的道路上。红灯变成绿灯,一辆处于完全静止状态的汽车,司机此时必须踩下油门。另一辆车在第二个车道上行驶并且没有减速,径直通过了交通信号灯。汽车出现不同的运动,是因为他们在路口时绿灯亮否的初始条件不同。

想象道路上还有一座窄桥,使得来自各个方向的道路必须合为一条。有别于畅通无阻的双车道,这时车辆运动的边界条件是不同的。边界条件可以迫使流体状态发生变化——"势的变化"。我们将在讨论风暴、火山爆发、海啸时了解势的变化。

毋庸置疑,状态的变化和势的变化是交织在一起的,这构成了一个是先有鸡还是先有蛋的经典问题。一方面,状态的变化会引起运动的变化。另一方面,变化的运动会导致状态的变化。在地质学中,通常无法清楚是哪个最先出现的。正如我们将看到的,在灾难动力学中,当这些变化发生在地质学尺度上而不仅仅是车库里时,后果可能是灾难性的。

第三章　当大地不再是磐石

1. 海地、基督城、陕西和……华盛顿特区？

地球的地壳非常坚硬——坚硬到我们理所当然地认为它是我们的陆地。但是发生地震时，一些状态变化导致大陆不再那么坚固。2011年8月，在华盛顿特区，仅仅是相对较小的5.8级地震，就足以使这个权力中心惊慌失措了。因为震中位于弗吉尼亚州附近的一个小镇下，故此次地震被称为"2011弗吉尼亚地震"，除了一些古迹遭受破坏，并没有造成人员丧生。但它让数百万人见识了真正地震灾害的发生，同时让他们明白了还有成千上万居住在地震带的人们时刻面临着地震危险，威力在100甚至1000倍以上的地震早已成为了他们生活的一部分。

2010年1月下旬的某个下午，在人口稠密的海地首都，太子港的居民正在日常作业，在距此处只有15英里的地方发生了一场里氏7级的地震。建筑物倒塌的烟雾和灰尘充满整个天空。在可怕的20秒过后，"只有废墟和污垢，"幸存者说道，"房子倒塌，所有的栅栏掉下来，人也掉下来。"在幸存者口中，充满着描述毁坏的建筑物、破裂的水管、活着但被困在废墟中受害者们的尖叫和被扭曲的尸体的故事，一个接着一个。多达30万人丧生，300万人变得无家可归，只能面对几个月甚至是几年的痛苦、疾病和死亡。形成鲜明对比的是，在不到1年之后，一次震级相同的大地震(7.1级)袭击了距基督城15英里的地方(基督城，一座新西兰的大城市)，只造成2人受伤(另有1/3的人可能死于由地震导致的心脏病)。

几乎在5个世纪以前，距美国有半个地球之隔，人口密集的中国陕西省发生了强于海地或基督城近 10 倍的 8 级地震,造成超过 80 万人死亡。这个数字相当于目前居住在旧金山、加利福尼亚或奥斯丁、得克萨斯的人口之和。在 20 世纪和 21 世纪初发生了多次地震,造成成千上万人的死亡。地震不仅发生在中国和海地,也在中东和远东出现。在西方世界,数百个独立事件的损失是不可思议的,而成千上万个独立事件的损失是不能想象的。然而,地震每隔几年就会在地球上的某个地方发生。

一些地震会引发巨大海啸,导致更多人死亡,海啸所经之处几乎毁灭一切。1960 年智利 9.5 级地震,1964 年阿拉斯加 9.2 级地震,2004 年苏门答腊 9.2 级地震和 2011 年东日本 9 级地震都是近年的例子。但海啸并不是之前所述在中国和海地地震造成伤亡的主要因素。那么,是什么导致在地震中死伤众多,而不是海啸呢?

相比于其他与天气相关的自然灾害如洪水和暴风雪,地震是最致命的、拥有较为固定规律的自然灾害。除了人员伤亡,大地震导致的财产损失达到数亿到数百亿美元。在这个人口稠密的地球上,这些费用随着易受灾害城市和地区的人口数量的增加而增加。21 世纪的第一年,由于地震灾害相关的费用支出过多,全球保险业已是步履蹒跚。在有地震保险的地区,地震保险往往是昂贵的。由于成本高,在地震多发的加利福尼亚只有 12% 的居住者有地震保险。

为什么有些地震导致很多人死亡(如海地),而同样级别的地震导致的死亡数又很少(如基督城)?在地震时地球内部发生了什么,它们是怎样对地球表面造成巨大的灾害的?我们在海地、苏门答腊、中国、新西兰、日本、意大利进行简单的实地考察,较长时间停留在新马德里、密苏里和田纳西州的孟菲斯。我们发现在大地震时有两种状态变化:坚硬的岩石发生破碎和液化。我们的实地考察反馈,引发了和公众讨论我们知道的和不知道的话题。

2. 地震、小提琴和家具移动

20 世纪最重要的地理发现揭示了一个基本事实:地壳(地球上大多区域约 10 英里厚)像是一个七巧板包裹着一个摇篮(图 3.1)。这个解释是海底扩张和板块构造理论的基础。伴随着相同数量的二级板块和几十个微孔板填满周围的洞，八大板块（非洲板块、南极板块、欧亚板块、印度板块、澳大利亚板块、北美板块、太平洋板块、南美洲板块）和周围板块相互碰撞，缓慢移动。在一些地方，如加利福尼亚的圣安德烈亚斯断层，板块间相互滑过对方。其他地方，如加拿大西海岸和中国的东海岸，板块向下插入或向上越过对方。还有一些地方，如印度板块和欧亚板块与中国西南地区相遇，板块相互碰撞创造了庞大的喜马拉雅山脉。板块运动的动力来自软流圈循环的岩浆流，发生在地球内部脆弱的地区（即地壳下的上地幔）。这些循环流动的岩浆拖动板块运动，就像漂浮在沸汤上的泡沫。地球经过漫长的 45 亿年的历史，板块间相遇并连接在一起，旧的板块已被摧毁，新的板块诞生。

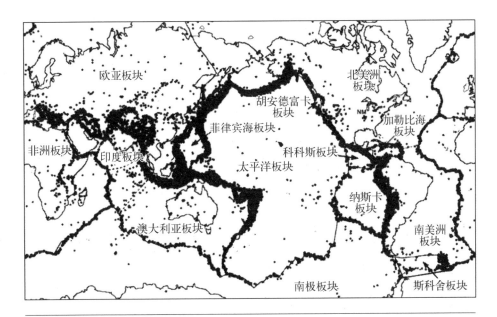

图 3.1　地震(小圆点)位置反映出来的地球的主要板块[①]

　　这些错综复杂的运动由质量守恒、动量守恒和能量守恒所控制。储存在地球中的重元素通过放射衰变释放能量，提供驱动板块的热能、板块运动的动

---

① Stein S. Disaster Deferred[M]. New York：Columbia University Press，2010.

能、造山带的势能和板块缓慢形变的应变能。板块拉伸一般发生在板块的边缘，就像橡皮圈被拉长或者铅笔擦被压缩时一样，板块在拉伸时也储存了能量。

岩石承受的强度超过阈值时，储存在板块中的应变量突然释放，发生地震，地壳沿着断层发生断裂。虽然大部分的拉伸发生在板块边缘（图3.1），在板块内部也偶尔发生地震，例如弗吉尼亚地震。这些地震发生在过去而不为人知，板块边界是由现代板块运动或其他过程产生的，比如在最后一个冰河时代末期，冰川融化时板块的反弹。当有冰存在时，就像床垫因为重物的压力而变形一样，冰向下挤压着地壳，没有冰的时候，地壳反弹回来。这个过程，大约开始于14 000年前，可能促成了弗吉尼亚和新马德里地震的发生。

断层并不只沿直线产生。在所有尺度上，从整体到微观，它们曲曲折折，因此地震中断层的运动就像两个锯子相互要把对方锯断。不同的应力区造成了地壳断层的不规则几何形状。在一些地方，断层间只做简单的相互滑行（图3.2，中）。当断层一侧的板块对另一侧的板块移动造成了阻碍，另一侧便会尝试移动（图3.2，左）。然而在板块中运动没有受到阻碍的部分，会产生一条裂缝（图3.2，右）。

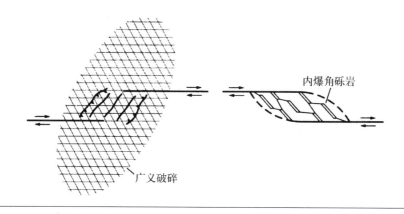

图 3.2　断层带示意图

断层一侧的地壳（上部）相对于另一侧（下部）沿断层向右运动。在左侧，相对运动产生压碎岩或角砾岩带；在右侧，相对运动形成张裂隙和内爆角砾岩，如图中的张裂格架模式所示[1]

---

[1]　Sibson R H. Brecciation Processes in Fault Zones: Inferences from Earthquake Rupturing[J]. Pure and Applied Geophysics, 1986, 124(1-2): 182.

沿断层的运动分布在一片区域。这片区域的宽度取决于断层的几何形状及断层的活跃程度。几乎所有的大地震发生在先前存在断层的区域,在这个滑动和碰撞区域里的岩石被多次粉碎和研磨,形成一些富黏土产物,我们称之为"断层泥"或"断层角砾岩"。地震期间,旧的断层泥被再次改造,靠近它的新物质也被磨得粉碎。

板块运动并不是漂亮、流畅、优美的芭蕾表演,而更像是一场尖啸、刺耳的滑稽表演。板块黏在一起时,沿板块边界产生压力,像软流圈岩浆的循环过程一样不断使板块移动。有时板块冲刺——按地质学术语——经过了其他板块。这种"黏附滑移运动(stick-slip motion)"不是唯一的板块构造运动。证据显示,当你尝试移动一件沉重的家具时,你需要足够的力气让它动起来,而只需更少的力让它保持移动。黏附滑移运动也发生在小提琴演奏家用弓拉动琴弦的时候。拉弓让弓与琴弦进行周期性的黏附滑移运动,频率取决于演奏的和弦音符。在每个周期中,弓在与弦的平衡位置上拉开,然后弦在平衡位置间来回震动。

和小提琴弦一样,当力超过临界水平,岩石在滑动的断层两侧进行黏附滑移运动。黏附滑移运动中产生并存储的能量,在地震中伴随着断层的滑动被释放出来。这个过程在断层断裂的不同部位重复一遍又一遍。大地震在一百到一千多年复发周期中反映出一个事实:在地震中几秒或者几分钟内释放的能量是几百或是几千年前产生并储存下来的。

3. 颠簸、摇晃和翻滚

地震期间,状态变化不限于断裂带本身。能量随着断层的起伏辐射到远处,其中一些能量让我们感觉到大地的震动和摇晃。这种波让储存在断层中集中的能量分散到地球上遥远的地方。它们在穿过地球(体波),越过地球表面(面波)时,一路压缩和剪断物质。因为体波在整个地球传播,它们提供了地震学家用于解开地球的内部结构的有力工具。面波与此相反,它造成大部分的破坏。它们传播更慢于体波,并在体波过后能够到达任何特殊的地点。因此我们应当感谢体波,使得人们能够得到马上要发生地震的警示,在更具破坏力的面波到来之前采取保护措施。

　　1971 年的一个清晨,圣费尔南多谷发生了地震,当时我在洛杉矶也有震感。我们 4 岁的儿子在另一个房间睡觉。此次地震为 6.6 级,只是中等规模,但它造成 65 人丧生,以及超过 5 亿美元的损失。它太引人注目,以至于催生了好莱坞最早的灾难大片——1974 年的电影《大地震》。晃动大约持续了十几秒,这么长的时间足够提醒我们,跳下床去找我们的孩子,结果才发现,我们彻底迷失了方向,什么也不能做,只能在摇晃的房屋中尽量保持身体的平衡! 仅仅才离开床走出几英尺远时地震就结束了,而孩子在地震中一直熟睡!

　　圣费尔南多谷震感更强烈,持续时间更长晃动更剧烈。强烈震动持续长达十几秒。人们蹒跚摇晃,努力站稳,小心摔倒而被压在底下——倒在地上的人大多数都无法再站起来。四周是震耳欲聋的轰鸣声。城市中,商品飞出了货架,建筑物的碎片开始脱落,而整个大楼开始倒塌。很多地方的建筑物需要承受剧烈的摇晃,但只有特别设计的抗震安全标准的建筑物可以承受长达几分钟的晃动。在 2010 年海地地震中,5 英里深的地下开始破裂,加勒比板块和北美板块至少位移 13 英尺。破裂在大约 10 秒后结束,但晃动持续了将近 1 分钟。虽然精心设计的建筑可能会经受住这种晃动,但海地是世界上最贫穷和最不发达的国家之一,因此受到豆腐渣工程的困扰。与此相反,基督城地震持续了大约 40 秒,但伤害是最小的,因为基督城颁布了强有力的建筑法规,并强制执行。

　　东日本大地震中断层的破裂持续了大约两分半钟。在这段时间中,断层在欧亚板块和太平洋板块间分离出一片宽达 130 英尺的区域,仅稍小于佛蒙特州和新罕布什尔州的面积总和。这一系列复杂事件可能是由三个不同的断裂在不同时间打破不同部分的板块界面造成的。每次地震都开始于先前破裂的边界,并波及那些尚未滑移的板块。假若有一次地震中整个板块都破裂了,那么一场规模 9.0 级的地震或许会比 9.4 级的地震更具毁灭性。

　　对于地震的持续时间,最长纪录属于 2004 年苏门答腊地震(图 3.3)。这次地震中,沿着印度板块和欧亚板块的断层,分隔的距离相比于俄勒冈州和怀俄明州板块移动的距离多达约 36 英尺。且持续了十多分钟,破裂带沿断层向北延伸。

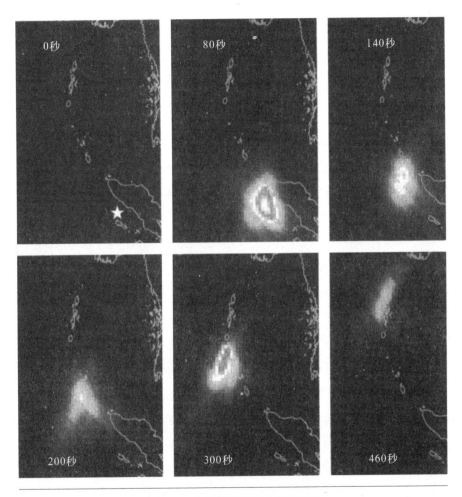

图 3.3　苏门答腊地震的破裂过程

地震开始后的时间显示在每帧的顶部,以秒为单位。光亮度表示释放的地震波能量。从苏门答腊岛北端,即图右下角开始,沿着安达曼和尼科巴群岛向上移动①。图像的使用获得了麦克米伦出版公司的许可,图像的版权归 *Nature* 杂志

① Ishii M, *et al*. Extent, Duration and Speed of the 2004 Sumatra-Andaman Earthquake Imaged by the Hi-Net Ar ray[J]. Nature, 2005, 435: 933 – 936.

造成死亡人数最多的地震亦有记录——1556 年中国陕西地震,当时有数万人居住在数百年前建造的精致洞穴中("窑洞"),这种覆盖中国中部大部分地区的窑洞由风蚀沉积的尘土("黄土")挖凿而成。窑洞的黏土支撑强度很低,不可能承受 8 级地震的震动。因此很多窑洞倒塌,造成超过 80 万人丧生,大约相当于该地区 60% 的人口。由于黄土沉积物覆盖的区域有得克萨斯州的大小(中国国土面积的 6.6%),并处在大地震灾害地区,因此黄土地区对地震的反应成为中国学术界的一个高频研究点。

4. 微颤、嘎吱作响和微动

本章所提到的两个状态变化中,第一点是液化,它们能在地震发生数百英里范围内出现,虽然这些区域的摇晃不是非常剧烈,但足以造成由含水分的粒状物质组成的地面发生状态的变化,如湿地、沙砾沉积、泥浆和碎石。在一些地方,水突然开始出现在地面上,然后间歇向上喷射几十英尺的泉水,常携带有泥浆、土、石头或木块。当地面沉积物干燥或仅部分潮湿时,空气从地下洞穴呼啸而出时发出类似怒吼的声音或口哨声。在林区,树木摇动、断裂,纠缠着倒下。有时候脱水过程较为平缓,但无论过程怎样,往往都会在地表留下大量泥质沉积物,在某些地方,那些火山口状的沉积物被称为"沙丘"或"沙火山"。沙粒层倾斜并远离中央的出水口。沙火山的直径一般几英尺长,但是它们可以沿地面断裂或裂缝聚集在一起,形成大面积的沙泥。当一切结束后,大面积区域可能被水覆盖,最后变成泥(图 3.4)。

从历史上看,这个现在被称为"液化"的过程是数百万人以死亡为代价得出的结论。但这个过程直到大约 200 年前才被普遍认识,现在人们对它的认识不断上升。1811～1812 年,当年轻的克罗克特(D. Crockett)与田纳西州的老兵布恩(D. Boone)在密苏里州的丘陵打猎时,目睹了地震的发生,这一系列的地震(现在被称为新马德里地震序列)引发密苏里州、田纳西州、肯塔基州、伊利诺伊州和印第安纳州的南部地区晃动。沿着现在定义为"畸形断层"的断层上发生了四次地震和多次余震。地震发生的时候,密西西比河曾是该断层

图 3.4 1989 年 10 月美国洛马·普雷塔地震后,加州帕雅罗出现土壤液化

图片前景中沙火山口的直径约为 4 英尺。照片由美国地质调查局(USGS)的廷斯利 (J. C. Tinsley)拍摄

的西部边界。如果它们发生在 1 个世纪前,就不会有(欧洲的)目击者记录了; 而如果它们发生在 1 个或 2 个世纪之后,将会造成更大的危害。

土壤足够坚硬,才能支撑大型建筑物,因为在土壤中的各个颗粒间是相 互接触的[图 3.5(a)]。某片区域的颗粒相互支持着和它接触颗粒的重量, 给土地以支撑力。一般来说,土壤气孔中水的压力很低,并且不影响颗粒的 接触区域。但如果水压增大,比如发生地震或者爆炸的时候,它可以对土 地中的颗粒施加压力,使颗粒分开或者减少乃至消除它们的接触面积[图 3.5(b)]。(如果你曾经玩过沙盒里的流沙或者在沙滩上抖动手脚,或者 通过搅动水可以模拟一样的效果。)孔中的高水压降低了颗粒间的接触面 积,因此降低了土壤的强度。在极端情况下,水的压力可能变得很高,从 而导致颗粒只能随水流动,以至于土壤几乎没有强度,它就像液体一样不 能承受任何重量。土壤从正常强度状态到近乎液态的转变几乎可以瞬间 完成。

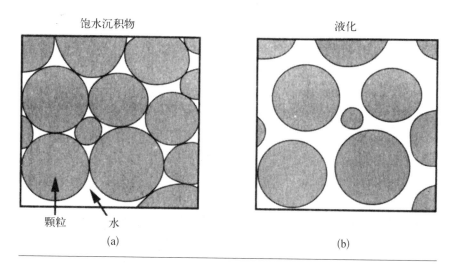

图3.5　饱水土壤中颗粒的正常状态与地震引起的液化

（a）饱水土壤中颗粒的正常状态；（b）地震引起的颗粒液化

液化会扭曲地面,常常造成各个地方沉降、开裂。区域内的斜坡和山坡经常出现明显的塌陷。液化如果小面积发生,可能只会出现独立的地面特征,如果大面积发生,会对地貌产生很大变化。它会导致地面沉降,让整个建筑物均匀移动,但有时移动差异也会很大,建筑物因此严重倾斜而倒塌。它也会造成地基和地基支撑结构的移位。在基督城的中央商务区,2011年2月的地震中,液化造成两座多层建筑物倒塌,以及许多无钢筋砌体结构的坍塌或部分坍塌,其中包括著名的基督城大教堂。事实上,城市的中心也是满目疮痍。

即使新马德里事件为液化在地震中的破坏能力提供了不可辩驳的证明,但美国中部的自然疆界,以及对该事件的全球交流缺乏许多其他国家的参与,因此这方面的研究受到了阻碍。事情在20世纪中叶发生了变化。1920年死亡人数超过23万的中国海原大地震(8.5级)显示,在黄土地区水饱和的土层会触发大面积的液化,高速滑坡会造成巨大破坏和大量人员伤亡。1964年阿拉斯加发生的9.2级地震,同一年新潟(日本)发生的7.5级地震和1983年日本海中部地震造成的液化,皆引起了科学家和工程师的广泛关注。地震液化在破坏建筑结构及催发滑坡灾害中发挥了重要作用。一般情况下,液化可导致砖石木结构房屋倒塌,毁灭堤坝,造成公路和铁路事故,将污水处理池等隐藏结构浮至地表,破坏灌溉和排水渠道,使电线杆下沉、倾斜、隆起等,因此也在突发事件的关键时刻扰乱基础通信设施。2011年东京地震中,供水、污水处理和煤气管道统统被摧毁,数百平方英里内的关键性基础设施被损坏。在大地震(震级大于8.0)中,震中250英里范围都有观察到液化。美国军方得出结论:在某些情况下,液化相比于地震中建筑物的晃动对军事设施会造成更多破坏。

在20世纪的最后几十年里,全球通信质量提高了很多,因此海地地震中液化的卫星照片和YouTube的东京地震的液化视频,得以在地震期间发布并广泛传播,让广大观众形象地了解这种现象。

许多国家,包括美国、新西兰和日本,已在可能发生液化的危险地区建立并强制执行了严格的建筑法规。不幸的是,国家制定并强制执行的严格建筑规范在一些地震多发国家不具有普遍性。液化加之豆腐渣工程,使2010年的海地地震在太子港港口造成大量破坏。造成海地和基督城这种悬殊的死亡人数差别的直接原因,是不同的建筑法规和条例,以及法规的执行程度。

低水平的决策和建筑设施不仅仅是贫困国家的问题,美国也有同样的情况发生。如果1811~1812年在新马德里畸形断层或其他断层区域上发生的地震,在田纳西州的孟菲斯城上演,这个拥有“美国大金字塔”的城市地面也会有强烈的摇动(图3.6)。1991年建成的美国大金字塔高321英尺,能容纳21 000人。但遗憾的是,直到1992年这个城市才开始考虑地震的建设标准。金字塔坐落在一块人造土地上,土地大部分由密西西比河畔沿路的淤泥和沙子组成。假若在这再发生一次马德里大地震,所产生的晃动将会引起中度到重度破坏。

5. 颤抖、烘烤、摧毁和地震光

我在这章提到的两个变化中,第二点岩石破碎正好发生在地震断层本身。比起液化,知道这个状态变化的人更少。在断层带中,主要的状态变化改变了岩石的形态以便于其滑过彼此。在岩石内部各处,甚至在天空都可以找到这个过程的痕迹。一首古老的日本俳句表述了地震中的一种光学现象:

**图 3.6　美国田纳西州孟菲斯的大金字塔,系按
1∶60 的比例仿制埃及大金字塔**

照片由马歇尼茨基(T. R. Machnitzki)拍摄

> 大地轻语
> 　　诉诸山棱
> 颤抖着
> 　　点亮天空

　　"地震学最黑暗的领域"之一是被称为"地震光"的现象。这种现象有多种表现形式。许多情况下,就像是夏天的闪电一样使天空亮起。有时会有一道似乎比普通闪电时间更长的闪光,但并不是打雷。这种现象就像是飘带状的北极光,从地平线上升起并从某个点开始分散开来。亮光就像好莱坞探照灯的光束一般划破夜空,在地面上窜出火舌或火焰。一些目击者描述这种球形发光团,像"火球"一样(图 3.7)。概括地说,这种现象被称为"电磁光",因为人们认为这是电磁力导致的。

图 3.7 根据目击者的描述叠绘在照片上的 1911 年德国埃宾根地震光景图

开始时,一道明亮的闪光从地面腾起,到达一定高度后变成一个巨大的发光球体,光球持续几秒钟后分散成了闪电般的火花。[1] 德尔(J. Derr)友情提供相关背景信息

几百年来,人们一直在谈论地震光,它们甚至被胶片和视频捕捉到,但是关于它的形成原因及其在地震预测方面的作用,人们还没有达成广泛共识。不同的理论认为地震光产生于摩擦生热、断裂过程中释放的氢气、岩石压力改变而产生的光和电、流体流过裂缝而产生的电流等——但没有一个理论能使人们达到显著的共识。如今暴露出地面并在古断层带中恢复正常状态的岩石可能会给我们提供一些线索。

科学家在一些断层带中发现了一种惊人的黑色岩石,它的周围充满了粉红色或白色的岩石碎片。由于这种石头很像一种叫作玄武黑曜岩的火山岩,因此被命名为"假玄武玻璃"(pseudotachylite,有时拼写为 pseudotachylyte)(图 3.8)。假玄武玻璃也被称为"黑匣子",因为就像飞机事故后飞行记录器恢

---

[1]　von Schmidt A. , Mack K. "Das süddeutsche Erdbeben vom 16 November, 1911," Abschnitt VII: Lichterscheinungen, Würtembergische Jahrbücher fur Statistik and Landeskunde, Jahrg. 1912, part 1: 131 - 139.

(a)

(b)

图 3.8 陨石撞击地球时剪切和熔化作用形成的假玄武玻璃
样品和在因侵蚀而暴露的断裂带发现的类似物质

（a）陨石撞击地球时剪切和熔化作用形成的假玄武玻璃样品［照片由华
盛顿史密森学会提供］；（b）在因侵蚀而暴露的断裂带发现的类似物质［照
片由马沙克（S. Marshak）拍摄］

复飞行记录的黑匣子一样,这些岩石告诉地质学家一些关于它们在灾难发生期间的形成条件。它们也一直被称为"地震化石",因为在被侵蚀暴露的老断裂带中发现它们保存了地震发生的过程记录,而我们很难采集到现代断层深处的岩石。

有"地震化石"绰号的假玄武玻璃首次发现的地方并不在地震断层中,而是一个由古老陨石撞击产生的南非弗里德堡陨石坑中。在撞击期间,高速抛射体的动能不断积累在撞击点上,并转化为向下冲击破坏的动能,加热熔化岩石的热能,使大地震动的地震能。尽管发现和命名假玄武玻璃的科学家并不知道弗里德堡的岩石是通过如此猛烈的过程形成的,但他得出的结论是:这种奇特的岩石由"突然的巨大冲击或一连串冲击"形成的。目前仅知产生假玄武玻璃都与剧烈现象形成的结构有关:撞击形成的结构、大型的灾难性的滑坡、地震断裂带等。

假玄武玻璃揭示了岩石破碎或熔化的条件:前者发生在相当低的温度,后者则发生在更高的温度。这两条证据可以告诉我们很多地震中发生的事情。断裂带中的岩石首先粉碎成较大的碎块。随着地震发生过程的继续,大岩石碎块被碾碎,产生更小的岩石碎片、粉碎的矿物颗粒。这个粉碎过程产生的岩石保留在假玄武玻璃上。

在断层运动和破碎过程中,就像你在寒冷天搓手一样产生了热量。这种摩擦会导致断裂带周围的岩石越来越热。与此同时,这种从断裂带传出的热量会传到断层边缘更冰冷的岩石上。如果所产生的热量超过限度,无法及时传递出去,断裂带上粉碎的物质便开始熔化。起初,只有少量的熔液。但熔化了的物质会变热,以至熔化并吸收一些较小的岩石碎片。这里有一个很好的类比——把一堆碎冰放在炉子上的水壶中,打开开关进行加热,小冰粒会先熔化,该过程产生的液体水会熔化并吸收越来越大的冰块。

像水一样,熔化的岩石并没有支撑力。断层运动产生的岩浆让断层更容易滑移。通过该过程产生的摩擦力进而使更多的岩石熔化,所以这是一个失控过程。有两种方式可以停止该进程:其一是断层遇到一个太过坚硬而无法被打破的阻碍;其二是有太多破碎的岩石以至于岩浆不能够全部吸收,因此断层的滑移停止。一旦沿断层的运动停止,冷却的岩浆会形成玻璃状物质包裹着幸存的岩石碎片。(在图 3.8 中,暗色物质是熔化的岩石,浅色物质是岩石存留的碎片。然而,其他岩石熔体和岩石碎片的颜色可以不同。)这些岩石是大规模事件的证据,几乎是地球深处状态的瞬间变化导致的。

是什么使粉红色和白色的岩石在短短的几秒钟或几分钟内变成黑色岩石?真凶有两个。第一是由于其光的反射率降低,更浅颜色的岩石在它们碎裂成更小块的时候颜色会变暗。第二个罪魁祸首实际上更有趣——在许多岩石里,铁存在于矿物的分子结构中。岩石熔化时铁变得自由。一旦从原始矿物中脱离出来,铁与氧气会发生反应,形成极小的黑色磁铁矿纳米晶粒(其化学式是 Fe_3O_4,Fe 表示铁,O 表示氧气)或直径只有数万分之一英寸的其他铁矿物。这些纳米晶粒让熔化的岩石表面成为黑色。

但是,现在变得更神秘了哦!这种微小的磁铁矿晶体在形成时记录了当时的磁场。令人惊讶的是,记录在这些晶体中的磁场比地球的正常磁场强约 1 000 倍!磁性可通过强电流来产生,所以强磁化岩石的存在意味着,岩石熔化的时候存在强大的区域电流。这些电流产生的磁场被烙印在岩石中,当温度低于 1 000 ℉($1\,℉≈0.556\,℃$)它们会冷却下来。当岩石冷却后其中的磁场被保留下来。该磁场可能只持续很短的时间,最多可能有几分钟。理论表明,断裂带就像是一个巨大的汽车电池,造成断层面上岩石有强磁场的原因最有可能是存在与断层运动持续时间相同的强电流。

我认为我是一个自给自足、坚韧不拔且能处理泄气的轮胎及各种汽车疑难杂症的地质学家,但是要我开动一个没电的汽车是办不到的。想象一下,现在,将你的车用电池放大到一条断裂带的大小。在一枚假玄武玻璃形成的模型中,地球就像一个未连接电源的电池。该模型假设地球的地壳储存的能量将通过一个相当于导电夹钳的物体储存到汽车电池上。当岩石沿一个断层破裂和(或)摩擦熔化,熔化的岩石便提供了闭合的导电路径,生成的岩浆相当于汽车电池上的另一枚夹钳。一块假玄武玻璃熔体的导电率比主岩的导电率约大 10 000 倍,因此它的作用就像一个暂时的避雷针。只要岩浆一直存在以保持高导电性,便一直会有电流。该电流会磁化假玄武玻璃中的纳米磁铁矿晶体。

因为假玄武玻璃吸收了许多熔化的岩石,一些科学家认为地震会产生大量的热量。如果这样的话,活跃断裂带中的温度应很高。有人估计 1994 年玻利维亚 8.2 级地震释放的巨大能量可产生 9 000 ℉的高温。但这仍然饱受争议,因为对加州圣安德烈斯断层的大部分研究并没有揭示这种热量的存在。除此之外,关于圣安德列斯断层活动机制的争议,因这一难题而旷日持久。

6. 反思:偶发事件、高风险和危险预警

在 20 世纪出现的地震及断裂带监控技术、实验室中关于岩石强度与行为的研究及地球动力学理论建模等方法,使我们在地震动力学方面的知识与日俱增。美国地质调查局(the US Geological Survey, USGS)日前发布了利用断层带对周围地震加速度的预测而绘制的地震危害强度地图。然而,地震预测是不完全、不精确的,且传达这种风险是困难的——这要比预测类似龙卷风的移动或热带风暴困难得多。地质学家在试着去理解、预测并传播灾害科学时总会遇到已知的或未知知识的麻烦。统计学与概率论是我们使用的两个工具:多久发生一定规模的事件? 1 年? 10 年? 百年? 千年? 每 50 万年? 通常我们处理的是低概率但后果严重的事件。人类历史的每个篇章里我们都会遇到它。可人类本能地否认这些事件的存在,导致我们几乎总是对偶发的大事件准备不足。因为真正罕见并合理的事件太少,而统计法依赖于大数据进行分析,所以该方法帮助不大。因此必须应用其他研究这些事件的方法——比如动力进程管理的详细建模等。尽管这样的事件在我们的一生中甚至在人类文明长河(几万年)中发生的概率很小,但我们不能承受忽视动力学,或者说科学带来的危害,因为仅仅发生一次这样的事件便能对我们造成巨大的损失。

地质学家不仅是科学家也是普通公民。作为科学家时,我们评估数据和数据的不确定性;作为公民或政府顾问时,我们负责向领导和公众传达信息,给负责制定政策和执行的官员最好的科学指导。无论是地质学家自己或他们

的代表,与领导和广大市民就这些偶发事件进行有效交流都是非常困难的。因为人们对低概率事件的直观感受很差,将数据转换成现象的手段很少。想想如果你住在海边,知道每1000年可能会发生一次海啸摧毁你的家园,你会立刻卖掉它搬走吗? 如果事情发生的概率是 0.000 15 即 0.015%,这意味着什么? 这是一年中人们死于车祸的概率,但这个数字会影响任何人决定使用或不使用汽车吗? 在其他任何1年,震级为7.5级或更高的地震袭击加利福尼亚州的概率都更高,高出2%。这个数字对保险业有显著影响,但它可能并不会影响很多人是否决定要住在加州。

在美国,可以发现两种关于风险讨论的模式,一个在气象界,一个在地震多发的加利福尼亚州。几十年来经历众多大小地震而得到的重要一课,是你并不能当灾害发生时再去向人们告知危险。并且,要经常不断地给人们传递相关问题的信息和教育。这样一来,人们就会对地球的动力变化,以及相互矛盾的信息、虚假的警示信息和变化中的条件等习以为常。如此,市民可以制订一些个人或社区级别的减灾计划。对于个人:人们可以建立或加强(改造)住房安全水平,决定是否购买保险,囤积粮食和水。如果个人不这么做,社区可以制定和强制执行建筑法规或规划风险区域——容易液化的沙区、易受地震发生后被海啸破坏的沿海低地、有滑坡危险的丘陵地带等(详见下一章)。这些区域可以规划为专门用途。如果社区也不行,那么是否能在灾害多发区顺利生存下来就取决于科学家、工程师和决策者共同制订的计划了,并且社会、政治、经济能够允许实施这些计划。

第四章　埃尔姆的飞毯

1. 漂浮的农场和飞毯

　　1978 年在挪威的一个小镇上，一位倒霉的农民发现了坡面发生液化现象。他的农场在博特湖岸边非常平缓的地带。11 000 年前，从上一个冰河时期末演化而来的古大洋覆盖了这片区域。大约 14 000 年前，由于冰川开始蔓延，将它们所经之处的岩石都磨碎成细粉状的淤泥和黏土。而后，随着气候变暖，冰川融化，水携带着黏土和淤泥颗粒经由峡湾进入大海。有颗粒分离出来并悬浮在水中，形成了海底泥浆。海水中泥浆和盐之间的化学反应固化了泥浆——这个过程有点像搅拌新鲜加入池中湿哒哒的水泥。之后，冰川加载在岩石上的负载移除了，斯堪的纳维亚半岛向上反弹，将这些水泥似的泥浆拉升到了海拔 600 英尺高。

　　于是，在接下来的几千年，被抬升的泥和雨水相互反应形成了 20 英尺厚的黏土层，这正是适合人们盖房或者发展农业的坚实土地。同时，沉积物中更深处循环的地下水将海水的盐分析出并过滤出来，并将其吸附在黏土的孔隙中。问题难就难在这里，也就是那个倒霉农民的问题：在富黏土沉积物的孔隙中，当水的盐浓度下降到一个低于临界阈值时（约 0.1 盎司，1 盎司＝0.028 千克，每加仑水的重量只有一个香料包大小），黏土便开始展现其惊人的性质。此时的黏土可以变得很坚硬，几乎和固体一般，但下一刻，在一定的压力下，黏土的状态发生变化，几乎瞬间变成液体。这种液化的物质——"流黏土"，与比它更有名的流沙性质相仿,后者只是颗粒较小而已。挪威地区的土地,是由流黏土构成的最好的农业用地,所以人口众多。

为了在他的谷仓里建立一个新的侧仓,农夫挖去了 900 立方码(1 立方码=0.76 立方米)的土壤(相当于一个边长约 30 英尺的立方体)并囤积在湖岸边。这时灾难降临了,由于农民将谷仓那边的土壤移至湖岸边,重新分配了这微不足道的重量,造成了一次超过 700 万立方码的滑坡(相当于一个边长超过 600 英尺的立方体)。那挖出来囤积在栅栏里的小块泥土,与现在被人所熟知的"丽莎滑坡"所倾泻的物质总量相比,体积比竟然达到了 1∶8 000! 在断断续续的脉冲(pulse)过程中,物质无情地向湖中倾泻了长达五分多钟。目击者说,一道地面脉冲波"像海浪一样朝我过来"。该脉冲波停止后,一块新的更大的块体脱落下来,有视频显示该农场"以庄严的姿态"漂浮在速度以 20 英里/小时的流黏土河上。40 人被困在滑坡中,1 人死亡,7 个农场和 5 座房屋遭到毁坏或遗弃。

许多地区以前都由冰川所占据,因此易受到流黏土滑坡的影响,特别是挪威、俄罗斯、芬兰、瑞典、美国(阿拉斯加)、加拿大等国。1893 年,挪威城市青黛市于某天午夜发生的一场流黏土滑坡造成了近半数社区的人,共计 116 人丧生。尽管流黏土滑坡移动得相当缓慢,与一些其他类型滑坡相比,因为它们总是毫无征兆地发生,往往更为致命。2010 年,在魁北克的圣裘德(加拿大),一场流黏土滑坡发生得如此突然,以致一家人全部丧生——死前他们仍一直坐在沙发上看冰球比赛。

丽莎滑坡发生时,细粒物顺着平缓的斜坡流下,但在另一端,一些主要由巨大岩石造成的山体滑坡,咆哮着从陡峭的山坡上跌落。埃尔姆的这个小山村坐落在瑞士的一个山脚下,这里用爆炸方式开采了几十年的板岩。板岩是一种有平整层面,可以做大黑板的岩石。19 世纪中叶,强制性公共教育的引入大大提高了采石活动。19 世纪后期,山中的裂缝开始发育,尽管出现了这样不吉的征兆,但采石业利润太高,人们不愿放弃这里,因此继续在此发展——即使在 1876 年,村庄周围已经出现了一道异常巨大的裂缝。之后 5 年什么都没有发生,但随后在 1881 年 9 月 11 日,经过 2 个月的大雨,巨大的板岩山开始解体。约 20 分钟后,岩石如大雨般坠落在埃尔姆,最终有约 1 000 万立方码的岩石咆哮至山谷,穿过地表,到达 300 码外的另一边。115 人因此丧生。

当我还是个孩子时,曾试图趁父母不注意时从卧室的窗户翻出去到二楼的门廊顶上,这样我就可以从 10 英尺高的地方跳到地上。像大多数那个年龄的孩子一样,从高处往下跳时,我要努力学习如何避免膝盖撞到下巴,但当时膝盖还是撞到了下巴,脖子差点被扭断。在埃尔姆,一名目击者描述了类似的现象,当岩石从埃尔姆山上倾泻而下砸到下面的平台(相当于我的膝盖)上时,这些岩石(相当于我的下巴)并没有像我一样平稳落地,而是在空中像飞毯一样四溅开来。

> 然后我看见岩石从平台弹跳出去。先落下的岩石被后落下的岩石撞击成粉末状四散飞扬开来,很多碎块以令人难以置信的速度向北飞向恩特塔尔,飞过小河或落在河上,在小河边,我在飞溅的碎片流下看到了桤木林。

漂浮的农场和飞毯阐释了几种不同的物质和运动的状态变化。为了理解山体滑坡那令人难以置信的多样性,我们将穿越整个世界,到挪威、瑞士、中国、意大利和阿拉斯加去进行实地考察,并在加利福尼亚州和怀俄明州停留更长时间进行重点研究。我们甚至会短暂访问一次火星! 最后,实地考察完之后,我会进一步思考已知和未知及将它们与公众交流的困难性。

2. 各式各样的滑坡

滑坡就像是人:每个人都会使用至少一种不同的方法。无论在丛林或是沙漠,它们都会发生。参与的物质从泥到岩石到冰,以及三者的混合物都有可能。有的滑坡是湿的;有些是干的。有的轰鸣着冲下陡峭的山坡;有的以几乎察觉不到的速度爬行。有些是如此坚硬,它们是真正的"滑坡";有些又是如此柔软,最好形容它们为"流动"。

　　但山体滑坡的运动,或大或小,总是受守恒定律所支配。即使山体是静止而稳定的,重力也会向下牵引一切物质。通常,山体足够坚实以抵抗拉力,但所有物质都有薄弱区,当这些区域某一部分无法抵抗强大的重力,灾难便会降临。最初,滑坡因中立而向下流动,虽然它们也可以并且能够向上流动,只要有足够的动量携带其向上运动。如果一次滑坡径直坠入垂直的悬崖,像我跳下门廊的屋顶一样,那么它们完全因自由落体而加速运动。从斜坡高处落下的泥土其重力势能将会转化为动能。然而,大多数滑坡并不会跌入垂直的山崖,而是沿着斜坡向下滑动,有时是像操场上温柔的滑滑梯一样的平缓斜坡。物体受到的重力随着斜坡下降而减少。

　　作为高中物理的必修课程,牛顿第二定律的一种表现形式,动量守恒(力=质量×加速度)确定了滑动运动的细节。然而,这个看似简单的方程,实际上非常非常复杂,因为在滑坡时有许多力相互作用。将所有的力都找到并加在一起通常是困难的。运动中主要的力是重力,但它有一个强劲对手:摩擦力。当其移动到地面,在滑坡的底部,滑坡和地面之间的摩擦力会阻止它们的相互运动,就像你试图把书滑过桌面,摩擦力阻止书的运动一样。同时,滑坡的内部物质发生剪切变形,产生摩擦。驱动滑坡向下的重力和阻止向下的摩擦力之间相互制约的程度决定了滑坡的速度,以及滑坡能到达多远。

　　有各种各样的滑坡环境和物体性质,就意味着有质量守恒、动量守恒和能量守恒等物理定律广泛适用于各种不同形式的滑坡。所有的山体滑坡都开始于势能的累积。在一些地方,如埃尔姆飞毯,势能转换为动能占主导地位。其他如缓缓蠕动的滑坡,摩擦耗能则占主导地位。

　　滑坡事故造成伤亡的可靠数据很难获得,但据保守估计,2002~2012年的10年间有近90 000人在山体滑坡事故中死亡,平均每年9 000人。这10年死亡人数中,很大一部分是因两次由地震引起的灾难性滑坡造成的。2005年克什米尔7.6级地震造成至少30 000人死亡;2008年四川8.0级地震造成至少60 000人死亡。从历史上看,在中国及远东,地震引发的山体滑坡已杀害了成千上万人,并摧毁了大片农田。即使把地震诱发的滑坡从统计数据中删除,平均每年亦有4 000人死于山体滑坡,由于厄尔尼诺和拉尼娜现象未完全记载,情况可能会有变化。

滑坡冲到河谷的泥沙经常堵塞河道,形成一个水坝,拦截河水形成"堰塞湖"。1786 年在中国西南部的 7.8 级地震引发的山崩阻断了大渡河,大约 10 万人在洪水中被淹死。尽管美国在滑坡事故中的伤亡人数比中国少得多,但每年用在防治山体滑坡的费用仍高达十亿美元。

要得到一个普适的原则是很困难的,但是我们可以通过几个例子了解滑坡动力学,从一次小规模、速度慢到如爬行一般的滑坡,到几次小而充满能量的滑坡,然后找到所有滑坡的原因。这样做时,我们会发现为什么在预测山体滑坡的行为时会有巨大的挑战——包括山体滑坡何时何地会发生、会滑行多远、如何滑行等问题。这些都是重要的问题,因为人类对土地的利用会对滑坡动力学造成影响,所以如果我们要减少自己所造成的影响,我们需要知道是什么触发山体滑坡及它们如何滑动。

3. 危险的组合:地质、气候和人类

岩石,以及山体滑坡,它们虽没有年龄,但会像人一样随着时间的推移而衰弱。岩石的弱点主要来自两个过程:风化和断裂。地壳板块在地球表面的运动造成的区域应力,会渗透到微观尺度的岩石。当应力超过了岩石的强度,岩石断裂,有时就像一根橡皮筋拉紧不再延伸,而是直接断裂开来。随着时间的推移,雨水、冰冻、解冻等风化现象也能够削弱岩石,破坏原子和分子之间的键。因此,微观和宏观的裂缝都产生了。

滑坡像盗贼,喜爱弱点。斜坡通过几种机制形成失稳倾向。在地球的表面,岩石在其表面风化产生一层土壤,植被保持水土。然而,无论是自然的或人为造成的植被变化,都会破坏植物根系,削弱土壤肥力。在山坡的基底,常有来自河流和海洋波浪的侵蚀,或人类土地改造等活动。这些活动会破坏基底对斜坡的支撑作用,所有这些过程都将在诱因出现时导致山体更易触发滑坡,其中最常见的诱因是降雨和地震。

在美国,降雨对滑坡的影响似乎跟在加利福尼亚的影响一样多。20 世纪

60年代,当我还是加州理工学院的一名研究生时,我们都爱在加利福尼亚悬崖边壮观的39号高速路上飙车狂奔,那是一条自阿苏萨到圣加百利山山顶不断攀升、延伸30英里的高速公路。那时这里还与世隔绝,但是现在每年有将近300万人行驶这公路上。除了为游客提供刺激的兜风,公路还为500人提供住宿及三个防洪大坝,同样也提供给洛杉矶国家森林消防队员。但其主管单位加州运输部每年都要在维护成本上花费约150万美元。这里和加利福尼亚南部其他地方一样,干燥季节的灌木丛时常发生火灾,火灾摧毁固结土壤的植被。如果火灾季节之后紧跟雨季,山体滑坡会频繁覆盖公路。2011年,加州运输部试图解决预算问题,并希望美国森林管理局或洛杉矶政府接管公路养护。编撰本书时,他们都"优雅地拒绝承担这一责任",加州运输部的一位经理说。

发生在拉肯奇塔的事件说明,即使很小的山体滑坡也会造成破坏性和持续性的后果。拉肯奇塔是加利福尼亚州文图拉郡的一个小城镇,占地28亩(1亩=666.7平方米),地势低洼,以东毗邻一座500~600英尺的悬崖。悬崖上,一座种植鳄梨和柑橘树的农场向内延伸约半英里。以西,海浪拍打着这片土地。这里是地质、气象和人类完美交汇的环境。

1995年,地面沿着一条深约100英尺断层面开始破裂。一场缓慢的滑坡开始了,每分钟移动几码,导致9间房屋被埋,但没有造成人员伤亡[图4.1(a)]。然而,在2005年的一场大雨中,1995年的滑坡重新移动,这一次移动速度高达几万英尺/秒,摧毁了13幢房屋,并造成10人丧生[图4.1(b)]。超过30英尺厚的泥土掩埋了城市的四个街区,总体积达到近200万立方码。美国地质调查局的科学家估计,滑坡中固态土壤到液态土壤的转变"几乎是瞬间"发生的。

镇里的居民曾多次起诉鳄梨农场,然而这个故事太长太复杂这里不再赘述。居民的律师辩称,是牧场灌溉作业造成的滑坡,因为灌溉提升了山坡水位,使土壤变得脆弱并给滑坡的发生创造了良好条件。然而牧场的律师认为灌溉并不是罪因,因为该地区的滑坡史可以追溯到至少1865年,当马车通达这片海岸时,广泛的农业灌溉早已开始了。

1887年,南太平洋铁路公司(以下简称"南铁")在这片区域铺设铁路时,付

(a) (b)

图 4.1 拉肯奇塔 1995 年滑坡与 2005 年滑坡

（a）1995 年加利福尼亚拉肯奇塔滑坡，图中上部没有树木的白色部分是失稳滑动断层面［照片由 USGS 的舒斯特（R. L. Schuster）拍摄］；（b）2005 年拉肯奇塔滑坡，与 1995 年滑坡相比较，可以看出流体的作用［照片由 USGS 的吉布森（R. Jibson）拍摄］

出了巨大的代价，得到了滑坡危害的教训。仅仅两年后，山体滑坡掩埋了该路段的轨道，并在 1909 年的滑坡中掩埋一辆工程列车。为了减少这些滑坡带来的危害，南铁试图用推土机在轨道边产出一块平地——不幸的是，这种行为无意中为后续事件埋下了伏笔。在随时有可能发生危险的悬崖边，推土机开辟了一片主要用于新铁路建设的土地。1924 年两兄弟开始增设拉肯奇塔德尔玛分部。

农场的律师还引用了一项研究，显示了在加利福尼亚南部的强降雨和滑坡之间的强相关性，并指出 1995 年拉尼娜现象已经将 18 英寸（1 英寸＝0.025米）的大雨带到该地区，那是有记录以来最潮湿的季节。2005 年的滑坡也发生在潮湿的条件下——在为期 15 天创纪录的雨量之后。

经过多年的对簿公堂,农场最终败诉,被判将其总资产加 500 万美元现金赔偿给原告。在一个有趣的政治和道德决定中,文图拉郡拒绝了居民加固山坡的请求,认为人们不应该生活在这片不安全的区域,任何干预都将使该郡在未来置于诉讼风险之中。随后的研究表明,1995 年和 2005 年的滑坡只是一次更大的史前滑坡的部分,包括悬崖上的农场。未来的滑坡是不可避免的。

虽然降雨频繁引发山体滑坡,但有时并没有明显的直接原因。在大滑坡产生时缺乏明确诱因是常见的。1994 年,一场地震转移了靠近巴基斯坦北部村庄阿塔巴的大片土地,在接下来的 15 年中地震也袭击了该地区,却只造成轻微破坏,而没有大型滑坡。后来,2010 年 1 月,在没有预警的情况下,一次体积近 400 万立方米的滑坡到来,阻塞了罕萨河,造成 14 人丧生,导致约 25 000 人滞留,并淹没了 12 英里的喀喇昆仑公路,该公路是巴基斯坦和中国之间的主要贸易路线。2010 年年底,持续数月的暴雨引发了洪水和山体滑坡,影响超过 200 万人,造成 2 000 人死亡,3 000 人受伤,以及 200 亿美元的损失。滑坡对该地区的影响很严重,而政府补偿不足。这一事件的两年后,难民仍然冒着冷凉山区的冻害风险,居住在帐篷之中。在一场聚集了几千人要求政府采取行动的游行示威活动中,爆发了严重的骚乱,警察向人群开火,并造成两人死亡。

4. 走……不走……走……不走……逝去的

人类少数几次视觉可见且仪器可监控的滑坡之一是 1963 年来自意大利托克山的巨大滑坡,产生的滑坡物质都进入了附近的维昂特水库。观测引发了几个耐人寻味的问题——当人类与地质进程发生交互时,我们可以做什么,不能做什么,该做什么?

1956~1960 年,意大利工程师建造了一个高 860 英尺的大坝,横穿狭窄的皮亚韦河流域(图 4.2)。这种地质环境具有引发毁灭性山体滑坡的可能性,这种可能性在大坝施工期间变得愈发明显。设想皮亚韦山谷谷壁由按一定角度倾斜的牌面组成,牌的表面与谷壁逐渐平行。这里的牌代表岩层——只是一些强,一些弱。平行于地面的岩石,和这些倾斜的牌面一样容易发生滑坡,特别是还有像泥或黏土等弱岩层存在的时候。

图 4.2　瓦依昂大坝

2005 年,从隆加罗内看屹立的瓦依昂大坝,图中能看到大坝上部约 200 英尺。[照片由保利尼(E. Paolini)拍摄]

在皮亚韦谷,钻孔测试并未显示任何软弱层,同时地震调查表明该地岩壁非常坚硬。但这一区域的地质情况也令几位专家同时警告:托克山的整侧都是不稳定的。尽管地质学家一再警告,但当意大利在战后重建了部分用来提供水力发电的大坝时,钻孔结果和地震研究却都被用来作为支持证据而忽略这些警告。

1960 年,管理者开始蓄水。虽然有轻微的山体滑坡和地质运动,但一切都很顺利,直到在水库水深达到约 560 英尺时,一道横跨托克山、长度超过 1 英里的裂纹出现了,之后一块每一面都相当于一个足球场大小的岩石(90 万立方码)滑入了湖中。大坝管理人员迅速降低水位约200英尺,才使岩石的滑移活动停止。然而,很明显,土壤运动和山体滑坡等问题都亟待处理。工程师推断,随着水量的上升,岩石内孔隙的水压也不断上升,最终导致岩石断裂。(这一地质过程类似于工程作业中的"水力压裂"——这种方法便是在新闻报道中,越来越多的美国天然气供应商通过注入水和控制压力创造新的断裂,使气体更易流到气井中,以此释放储存在岩石中的气体。)

因为水库蓄水会引发土壤运动,所以工程师认为降低水位可能会停止这种土壤运动。这种利用工程设计改变地质过程的实践被称为"地质工程"。这是人类的一种实践活动,在某些情况下已经取得过成功,但也不止一次造成过麻烦。3年来维昂特大坝的管理者交替填充或抽调水库以初始化或停止滑坡运动。地质工程的实施似乎起作用了——只持续了一段时间。

1963年10月的雨季期间,一块巨大的山坡坍塌。一块每一侧都相当于7个足球场大小(3 500万立方码)的岩石呼啸着跌入山谷。下降时,它的势能转化为动能,速度达到60英里/小时以上。滑行得如此之快,以致岩石的动量带其砸向山谷另一面,一个46层楼高的地方(460英尺)。沿着山谷的一侧运动时,动能又转化回势能,直至岩石到达静止状态——短暂地。没有物体可以违抗重力的作用,因此它逆转其路径又回头砸向水库。

单单滑坡就将引发灾难性的后果,况且滑坡发生时,水库里还存储了大量的水。滑坡溅起的波浪在大坝上游的水库中来回晃动。波浪晃动得如此之高,达到了86层楼的高度,并摧毁了卡索村。只有住在湖中的人才敢想象这份恐惧——他们要冲刺到86层楼高的地方才能逃脱这波浪的袭击!

造成破坏后,高达80层楼的水墙席卷了大坝,并呼啸而下至山谷。摧毁了5个下游村庄,造成大约2 500人死亡。令人惊讶的是,大坝竟保持完好(图4.3)。事后调查显示,深度在300~650英尺的石灰石大坝基岩中,一处含有小颗粒(1~6英寸)黏土床的薄弱部位已经遭到破坏。

滑坡何以在任意时间发生,而非当有雨或地震的时候发生呢?所有的岩石都充满了微小的断裂和裂缝。集中在岩石微小裂缝及断裂尖端周围的应力,像女人把重量都集中在她那双尖尖的高跟鞋鞋尖上一样。应力是不断在岩石和山体中变化的,而不是只有当下雨或地震时才发生变化。例如,由地、日、月相对位置的变化而在海洋中引起的自然潮汐,同样也会发生在固体地球中,引起应力的不断变化。水库中由自然或人为引起水位变化,如水坝或天然湖泊,改变着斜坡上的受力分布。当一个新的应力首次出现时,旧的缺陷吸收一部分应力,并可能形成新的微小断裂。起初,没有什么戏剧性的事情发生,因为新旧微裂纹相互隔离。但当整体应力超过某一临界值时,裂纹的局部应力变得足够大,打破分子键,微裂纹开始增加,裂缝迅速发展。打个比方说就是合并成一个更大的裂缝网。最终,通常是灾难性地,它们沿着滑坡运动的路径,成长为巨大的断层面。

至于托克山,这个过程发生在软弱黏土层,该层后来发现是存在于深层的岩石中。随着水库蓄水,水渗入岩石缝隙,这可能在降低干岩支撑力的过程中发挥了关键作用。每一条裂缝的末端尖都嵌入了原子和分子。水攻击这些分子,使裂纹尖端发生化学反应以助岩石加速膨胀。

一次滑坡传播的距离称为"跃动"(runout)。大型快速的滑坡,如埃尔姆、瓦依昂滑坡,我们已经给出一个形象的名称:"碎屑流"(sturzstrom),这是一个德语词汇,意为"下降流"或"崩溃流"。这种滑坡的特点是,与正常模型中受地面摩擦力所支配的滑坡相比,它们的传播距离远得多。看来,这种滑坡所受摩擦力异常得低——这也是一个长期困扰地质学家的谜题。

5. 岩崩和飞毯

大约 17 000 年前,在加利福尼亚南部的圣贝纳迪诺山中,一块体积约等于每面面积半英里的正方体(100 亿立方英尺,1 立方英尺=2.831 立方米)的岩石,怒吼着飞过一个陡峭的峡谷(图 4.3)。它来自这个 1 500 英尺深的峡谷底部。滑坡中的岩石,一开始就已经破裂,在峡谷底部受到冲击而破碎,形成一副复杂的三维拼图。(我不敢想,这可能是脖子的命运,我跳下屋顶,我还是个孩子!)

图 4.3　黑鹰山体滑坡
照 片 由 科 利 尔（M. Collier）拍 摄

　　此次滑坡被称为"黑鹰"滑坡,它离开峡谷后,在平坦的谷地又前进了 5 英里。令人惊讶的是,拼图的各个部分还拼合在一起,而滑坡体的速度已几乎飙升到 75 英里/小时。1964 年在阿拉斯加,一场相似的由地震引发的滑坡前进了 3 英里,在它停止之前横穿近整个水平的谢尔曼冰川(图 4.4)。冰川下可以看到滑坡的基底,并且它还停留在——信不信由你——原始状态的雪上。在其他地方,它保留了完全原始状态的桤木、苔藓和小植物等。滑坡爬过 460 英尺高的山,从中我们可以计算——有多少势能转化为动能——计算出其速度至少是 115 英里/小时。

　　在经过如此这般远距离的高速旅途后,那些严重粉碎的岩石是如何保持它们的统一性的? 在经过之后,滑坡又是如何保持这些雪和娇嫩植物的原始状态?

　　通过对埃尔姆飞毯的观察和来自黑鹰和谢尔曼滑坡的地质证据(图 4.3、图 4.4)能导出一个有趣假设:滑坡可以像柔软的薄纸一般在被捕获而压缩的空气垫滑过——事实上和魔毯一模一样。想象一下如此大量的岩石呼啸着冲向一个峡谷里,击中山脊、又被弹射到数百英尺高空,定在只有几英尺厚的压缩空气篮中,然后猛地一下以极快的速度投掷到周围的冰盖(谢尔曼)或沙床(黑鹰)上,直到空气泄漏出去,滑坡体缓慢地滑向停止——大概持续有一两分钟。

图 4.4　谢尔曼冰川上的滑坡,泥石流自图右上部的顶峰倾泻而下

　　照片由 USGS 的波斯特(A. Post)拍摄

　　在这个"空气润滑"的假说中,浮于上方的滑坡体就像在空气垫上的刚性厚板,和我们在黑鹰滑坡中观察到的一样,这些岩石是如此脆弱。并且该假说还认为,谢尔曼滑坡可浮于冰川的雪地上,而下方新鲜的雪并没有被剐蹭或是融化,因为空气垫保护着雪和植物。

　　虽然空气润滑的假设可以解释特定滑坡造成的现象(黑鹰和谢尔曼滑坡),但有两个参数表明,该假说并不能解释所有滑坡的长距离跃动。首先是滑坡是否能够在长距离的跃动之后依然保持将空气捕获在其下方的问题,因为空气往往会从滑坡中间或其边缘逃逸出去。其次当理论首次提出时并没有发现,但从无人驾驶飞船观察太阳系的行星和它们的卫星所传回的数据显示,高速远程滑坡(long-ronout landslide)也发生在我们的月球及太阳系中其他没有大气层的卫星上——木卫一、木卫四、火卫一、伊阿珀托斯。此类滑坡也发生在大气层稀薄的火星上,虽然目前尚不清楚在此滑坡形成时的大气层成分如何(图4.5)。在无空气和空气稀薄的天体中发生的高速远程滑坡迫使地质学家放弃空气润滑假说而寻找新的解释。

一组理论考虑了此类滑坡并非由单块整片的石板,而是由许多不同大小的岩石碎片组成。它们落入一种广义物质,这种物质被称为"颗粒物质"(granular matter),具有相当独特的性质。你也许在早餐碗里的麦片中就能发现这样的性质。有时这些物质的行为很像固体,有时它们又像液体一样流动。麦片粥可以流动、晃动,像液体一样从碗边反弹回来。它们能像流水一样腐蚀河道,某些情况下,它们可以模仿流水形成的特点,产生丘陵沟壑区。

有两种关于"碎屑流"的粒状流理论不要求大气层或者滑坡孔洞中存在气体。一组粒状流理论的前提是,滑坡骑在高度搅拌的尘埃粒子薄层上。这一层在概念上很像一层空气,灰尘颗粒起到空气分子的作用。第二组粒状流理论,称为"声流化模型"(acoustic fluidization model),其前提是岩石碎片崩解和流动过程中,本体颗粒之间的碰撞在物质流动过程中产生非常大的高频压力波动。(为了直观地感受这种效果,你得想象在安静的汽车里,汽车发出隆隆的声音,脉冲电波在你周围不断振荡。)在这些变化中,局部压力在略低于正常值与略高于正常值之间不断变化。在低于正常压力时,颗粒间应力减少,发生相互运动。

越来越多的证据表明,润滑效果可由滑坡体底部的液态水、冰、潮湿碎屑、泥等物质得到增强,或许滑坡体本身的水分也可以。即使滑坡体并未充满水分,它们也不可能完全干燥;它们总是含有液态水(地球上)或冰(在地球和其他行星或卫星)。正如我们之前讨论过的那样,在润滑碎屑和泥石流时,水是非常有效的。有时,地球表面的水,甚至提供了一层和船型水上飞机的滑行器一样的物质。

即使存在这些可能性,人们也并不会放弃继续对高速远程滑坡的研究。在怀俄明州,人们对一次古代滑坡的地质学研究也为这种润滑理论提供了佐证,该滑坡是人类已知的最大型滑坡。

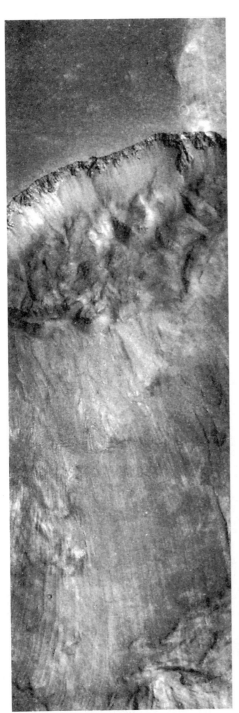

图 4.5　火星恒河峡谷中的大滑坡

　　滑坡沿一个陡崖坠下,劈走了一个很大的古老陨石坑边缘的一部分(图右上角)。滑面上部宽约 16 英里,下部宽约 30 英里,滑动距离最远可达 38 英里。滑坡体体积至少有 2 500 立方英里,是地球上已知最大滑坡体积的 5～10 倍,滑下来的岩石覆盖了约 800 平方英里的恒河峡谷,其厚度超过了 150 英尺。从滑面顶部到底部,长约 6 600 英尺。洛杉矶和达拉斯都可以装入这个滑坡体。据美国国家航空航天局(NASA)火星图像

6. 滑坡之源：心形山

地质学研究的最根本原则之一，是当沉积物通过水或风沉积下来，新的沉积物总会覆盖在顶部。当它们没有出现时，就有一个地质问题等待解释。下面这个例子与怀俄明州的心形山有关，该山位于大角盆地的平原地区。心形山的基底由约 5 500 万年岩龄的岩石组成，但顶部的岩石岩龄却为 3.5 亿～5 亿年。这一反转是如何发生的呢？100 多年来它一直是地质学的一个难题。

通过仔细的地质填图，地质学家已经发现，在贝尔图斯山脉的西北方向，现在的心形山山顶比 5 000 万年前的山顶至少高出了 30 英里（图 4.6）。在地质造山期，贝尔图斯山脉隆起，向东倾斜，就像餐厅服务员端着的盘子从托盘上滑落出来一样。在抬升之后，抬升区南部阿博萨洛卡山脉的火山便立即（指地质时间）开始喷发。一块巨大而古老的岩石，面积约 500 平方英里、厚度约 2

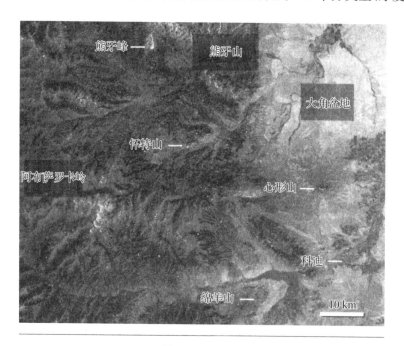

图 4.6　心形山

NASA 图像，西蒙(R. Simmon)依据 landsat 7 的数据绘制

英里,自贝尔图斯山脉向大角盆地滑去。这次巨大的滑坡,自南部往东南部前进,并越过一座 1 600 英尺高的山,最后停在大角盆地较年轻的岩石及心形山山顶上。该滑坡流动在超过 30 英里的路径上,只有一处 2°斜坡地形,展开可覆盖 1 300 平方英里。整个事件大概持续了不到 1 小时。

地质证据表明,心形山滑坡发生和运动的两个成因分别是:5 000 万岁的阿博萨洛卡火山岩和麦迪逊石灰碳酸岩。但为这两个可能的成因,地质学家也提出了十几种模型。第一种可能性是,阿博萨洛卡火山喷发触发滑坡。第二种是因热岩浆上升形成的古老岩石提高了岩石下的水压,削弱并促使其发生运动。第三种是炎热的火山岩转化周围的水变成水蒸气,并润滑了断层面。第四种可能性是,一旦滑坡开始,运动过程中的压力熔化了岩石,形成假玄武玻璃,润滑了断层,就像它在地震中的作用一样(第三章)。第五种是形成了石灰石(碳酸钙)的假玄武玻璃,岩石化学性破裂时产生了二氧化碳气体,在滑坡体徘徊移动时提供了和空气一样的润滑作用。最近一次检验第五种可能性的模型认为滑坡体的速度可能在 300～700 英里/小时,持续时间为 3～4 分钟。很明显,无论怎样详细描述这次巨大的滑坡,它们都能够在很短的时间内造成大规模破坏。

7. 反思:地质学,一门双焦点科学

第三章的反思中,我讨论了"罕见"的事件及其构成的风险,以及与公众沟通的问题。在这里我想进一步探讨"罕见"一词的意义。

地质学家使用"罕见",其含义包括空间("空间罕见")和时间("时间罕见")。表达空间上的含义时,罕见是"间隔巨大"的意思,而表达时间上的含义时,它的意思是"很少发生"。两种情况下,这个词的意思和"不常见"是一样的。

有些现象具有这样一种性质或规模,它们是真正意义上不常见的现象——如本章之前所述,在地球及太阳系其他星球上发生的特大型滑坡。但是,稀缺性也在一定程度上取决于观察者的看法。宅在家中的人们在第一次

亲眼看见滑坡时可能会想：这真是太难得了——他们此前从未经历过这样的事。比如说我，我的家乡在宾夕法尼亚西北部，那里森林覆盖着山丘，在家里我们没有电视，近半个世纪过后，我们才能通过万维网来获取全球的信息和影像。虽然我阅读过很多书籍，而且每一期《国家地理》都不放过①，可是当我22岁时第一次看到美国西南部的沙漠时，我没有任何心理准备，就被这辽阔的景观和异国情调的仙人掌所吸引。对我来说，在我生命里的那段时期，沙漠似乎是罕见的。然而，生活在西南多年，成为一名地质学家后，我了解到沙漠并不少见，这种印象仅仅是我个人看法的一种局限。在这能够轻松从互联网上获取信息的日子里，只要他们愿意，大多数人都可以足不出户便能发现许多远离家乡的异国风景。

然而，人们对于时间尺度上的罕见事件的理解更加困难。我们根本不关注那些目前没有发生或者将要发生的现象。在第三章中的反思中，对罕见的危险事物频度的统计并不妨碍我们理解灾害主宰着我们生活的这片区域。世界上有很多地方时常发生大型地震、巨型滑坡、巨大火山爆发及大海啸，而很多人之所以依然生活在这些易受大型地质灾害影响的地区，我想刚才所述可能才是主要原因。

地质学家往往是世界的旅行者，当我们一起进行实地考察而相聚时，你经常听到诸如"噢，这种亚洲地貌特征让我想起在美国也有""这东西和我以前见到过的像极了！除了……"或"在过去的几千年里，这一事件似乎没有发生过，但我认为，在这里那里散乱分布的岩石告诉我们，之前确实发生过这一事件"。地质学家也往往是这个星球上的"长老"，因为我们研究的是这个星球上十几亿年前发生的事物。打个比喻，我们是通过望远镜和显微镜在观察这个世界。

我之所以把地质学叫作"双焦点科学"，是类比于双焦透镜来说的。双焦透镜使得有视觉障碍的人们可以同时看清远近的物体。在我们周围的空间和在大距离的尺度上及关于过去、现在、未来，双焦透镜的视角给予地质学家关注事件发生与形成可能性的能力和视角。本章提到的山体滑坡，其年龄范围

---

① 《国家地理》是美国国家地理学会的官方杂志，在世界范围内都有许多忠实读者。——译者注

从与我们同时代,到数千万年前,火星上的那次滑坡,达到数十亿年。它们的规模程度也从小型到巨型,且发生在世界各地包括宇宙其他星球上。

通过这种多尺度地研究山体滑坡,地质学家已经为它们如何移动,想出了这样一长串令人眼花缭乱的猜想——这听起来好像我们根本不知道我们在谈论什么。一些地质过程几乎假定某些滑坡在特定时间一定会发生。但不是任何过程会发生在任何时间或任何地点。大量的假设和运动机制的猜想只是对我们这个纷繁复杂世界的见证,而不是我们的无知。谈及这种纷繁复杂,下一章中我们将看到一次地质灾害,如火山爆发,会引发并释放其他灾害的连锁反应。

第五章 那一天，火山爆发

1. 卟啦——轰!

"卟啦——轰。地狱! 就是那座山。山快要炸开了!"这是一名 6 岁的阿拉斯加土著凯厄柯克诺科(H. kaiakokonok)所描述的 1912 年阿拉斯加诺瓦鲁普塔火山喷发时的情景,同时也是 20 世纪最大的一次火山喷发——3 立方英里的熔岩喷涌而出,摧毁了现在被称为万烟山谷的地区。

1980 年,约翰斯顿(D. Johnston),这位来自美国地质调查局(USGS, US Geological Survey)的年轻地质学家,在华盛顿圣海伦山东北角 6 英里处的一个山脊上,度过了一个孤独的夜晚,也亲眼目睹了一场火山爆发。6 周前,伴随着隆隆的地震,以及山顶上喷射出的细碎岩浆柱,这座火山从 123 年的休眠期中苏醒了过来。由于该火山是喀斯喀特山脉活火山链中新近喷发的一座,自其苏醒后就一直处于人们不断的观察中。5 月 18 日早晨,天气清朗,约翰斯顿从他的制高点大约看到了大滑坡从山的北侧袭来,大规模的爆发喷向他所处的方位。他用无线电向总部报告:"温哥华! 温哥华! 它来了!"此后他再也没有发出警告。

近 2 000 年之前,公元 79 年,小普林尼在 18 岁时就从远处观测到了意大利维苏威火山的喷发。这次大型的火山喷发摧毁了三座城市——庞贝、赫库兰尼姆和斯塔比伊,约 16 000 人丧生,包括他的叔叔,著名的博物学家和哲学家老普林尼。当母亲提醒他注意一朵奇怪的云之后,小普林尼记录了下来:

对该云外观的最佳表述应该是一株意大利伞松(图5.1),因为它像某种树干一样上升到一定的高度时再分散出枝丫,我想是因为它被第一次爆炸推向高空,然后随着压力的减退而变得不稳定,要不然就是它因其自身重量而延展并逐渐散开。有时看起来是白色的,有时看起来有些斑点并且很脏,可能颜色会根据尘土的携带量而定。

维苏威火山仍然是一座活跃的火山,约300万人居住在那不勒斯及周边地区(图1.1)。最近,地质学家发现了约3 800年前维苏威火山一次更大爆发的证据。这次喷发的火山灰覆盖了现今那不勒斯城中心处约15英尺。地震学研究表明,目前地下约6英里的异常物质层可能是火山岩浆(但也有争论说是水或盐水)。科学家就维苏威火山地质系统以不同方式及强度的爆发概率进行着激烈的讨论,而应急规划师讨论的不仅是如何撤离这么多人,还有该不该撤离的问题。

(a)　　　　　　　　　　(b)

图5.1　维苏威火山的普林尼式喷发柱与意大利伞松

(a) 维苏威火山的普林尼式喷发柱,该图展现了喷发柱的"主干"和"分支"或"伞面"等结构[由斯克罗普(G. J. P. Scrope)绘制,1864],该图景为1822年10月从那不勒斯观测所见;(b) 小普林尼所描述的意大利伞松[由卡奥-加西亚(J. Cao-Garcia)提供]

人类文明总有不成比例的部分暴露于火山喷发的威胁之下,包括大型人口及商业中心如西雅图、东京、墨西哥城、罗马、马尼拉、奥克兰和基多。波波卡特佩特火山深深困扰着墨西哥城及其1 900万居民。2000年,赶在1 200年来最大的一次喷发前,政府疏散了成千上万的居民。2012年4月,波波卡特佩特火山活动愈加频繁,导致一些学校停课,并迫使当局警告居民紧闭门窗避免外出,以防止吸入烟尘。自16世纪西班牙人驻足这片土地以来,波波卡特佩特火山已发生过15次大型爆发,通常它仅喷出火山灰和气体,但这足以释放更大的破坏力。

鲁伊斯火山威胁着哥伦比亚的阿尔梅罗小镇,历史上它不仅有几次规模较小的爆发,而且还有过一次产生大量热泥石流的记录,被称为"火山泥流"(lahars)。1985年,火山泥流从火山的侧面冲下山谷,造成了22 000人死亡,是阿尔梅罗人口的3/4(图5.2)。火山喷发过程中,滚烫的火山灰从山顶的喷发

图 5.2 1985年,热的火山泥流冲下山谷流到哥伦比亚的阿尔梅罗镇,该镇的大部分地区被掩埋

照片由 USGS 的让达(R. J. Janda)拍摄

口喷出，落在了雪、冰、冰川上，融化了它们并起到了润滑的作用，然后顺着山谷以平均约 25 英里/小时的速度流下。像这样的流动很可能是华盛顿雷尼尔山未来喷发时的结果，这里有超过 15 万人住在过去火山泥流形成的沉积物之上。

2009 年，火山学家可谓烦恼多多——路易斯安那州州长金达尔（B. Jindal）在一个广泛播出的电视节目里响应奥巴马总统的演讲，嘲笑美国地质调查局的火山监测计划为"浪费"，并提出撤销请求。但令火山学家及住在太平洋西北、阿拉斯加和夏威夷等火山附近的美国民众宽慰的是，冰岛"艾雅"火山喷发次年所显现的对全球经济的巨大冲击，使这些目光短浅的建议至少暂时搁置了下来。

所有地质过程的论述，在地震、山崩、海啸这些灾害上，对于经历过这些的人们来说是可怕的。但是，与一次大规模的火山喷发相比，其他地质活动显得不值一提，而且前者具有造成对人类文明最后一击的力量。虽然地球上只有一小部分地区存在火山，但它们的影响远远超过它们所存在的那片区域，因为这些区域包括一些星球上最适宜居住的肥沃土地。在 20 世纪末，据美国地质调查局估计，火山对全球至少 500 万人民构成了实实在在的危险。

历史和地质记录得非常清楚：火山喷发有各种规模和形式。喷发间隔可长可短，但却不可避免，只是时间和地点仍有待确定。巨大的火山爆发为好莱坞电影业提供了许多素材，但事实上，常见中小规模的爆发足以引起巨大规模破坏。

火山爆发有四种方式致人丧命：滚烫的热灰流和气流，热泥石流，海啸和饥荒疾病。在过去的 200 年中，已经有 20 万人死于火山喷发，其中 1/3 死于火山爆发后的饥荒和疾病。1783 年拉基火山爆发，由于火山灰和有毒气体混合物杀死了他们的牲畜，超过 9 000 名冰岛人死于饥饿。1815 年印度尼西亚坦博拉火山喷发造成 92 000 人死亡，大部分人同样死于饥饿。1741 年日本大岛火山爆发引起的海啸杀了近 1 500 名难民。1883 年由喀拉喀托火山喷发引起的海啸造成了 36 000 人的死亡。

是什么决定了火山喷发的威力？怎样测量这种威力？喷发有多高，是什么决定其喷发高度？为了解决这些问题，我们将前往菲律宾的圣海伦斯火山和皮纳图博火山进行实地考察，从那些不久以前的往事中看一看这些巨型火山喷发之前的情形。在考察中，我们会遇到自然中最剧烈的状态变化之一：火山气体系统。

2. 酝酿了一个危险组合

火山喷发伴随着各种令人惊讶的奇怪表现：有的能将岩浆柱喷出到数万英尺的大气层中，而有些则散发紧贴大地的密集而火热的"火山灰飓风"（ash hurricane）。爆发时的特征取决于岩浆的成分，当岩浆不与外部的水和冰发生相互作用时，甚至可以使最良性的喷发具有爆炸性。

火山岩浆证明了复杂的物质可以由一些简单成分形成，这些成分正是元素周期表中的十几个元素和一些气体。岩浆物理性质根据这些元素的比例发生有规律的变化。最主要的是硅、氧、铝及少量的铁、镁、钙、钾、钠等。根据这些元素的比例，有许多类型的岩浆，但四种最常见类型的岩浆是必须要知道的，你可以通过"玄安流英"来记忆玄武岩（basalt）、安山岩（andesite）、流纹岩（rhyolite）、英安岩（dacite）［英文记忆方式很像莎士比亚笔下的游吟诗人（BARD）］。玄武岩有硅和氧，以及大量铁、镁和一些钙。它们是非常规流体（或者说黏度很低），并且没有太多气体溶解其中。在"玄安流英"中，玄武岩在最高温度时熔化、爆发，通常会使红热的熔岩流出或轻微地飞溅出来，缓慢地爆炸性喷发。夏威夷游客喜爱的火山熔岩就是玄武岩。

在"玄安流英"的另一端，流纹岩和英安岩含有最高含量的硅和氧，一般都很黏稠，富含易溶解的气体并能在最低温度熔解和喷发。它们可以产生非常黏稠的熔岩穹丘，或爆炸性地喷发。本章所讨论的爆炸性喷发，如圣海伦斯火山和皮纳图博火山，都是由安山岩驱动的。安山岩，经常由玄武岩和流纹岩或英安岩混合而成，其所有性质都介于玄武岩和流纹岩或英安岩之间。

这些火山喷发的爆炸性不是来自熔化的岩石，而是来自溶解在其中的气体，通常为水蒸气（H_2O），还有二氧化碳（CO_2）和二氧化硫（SO_2）。在太平洋板块中所谓的火圈周围,洋壳的俯冲板块熔化而形成的岩浆(图 3.1),通常是安山岩和英安岩,且可能包含 5%~6% 的水。它潜存着大量的气体(蒸汽);相比之下,摇动时看似含有大量气体的普通苏打水却只有 2%~3% 的气体。这些都是能产生大型灾害的岩浆,它们破坏性的势能通过火山或山坡上冰川和积雪中地下水的参与而不断增加。

比起较低的压力,岩浆在高压中能让更多的气体溶解进来,所以当岩浆在火山内部抬升时,气体便从液体中跑出,形成小气泡。气泡形成之初,岩浆就像是旋紧瓶盖的汽水瓶中被摇动的东西:小气泡分散在液体中。压力随着岩浆抬升而降低,整个结构呈现泡沫的特性,泡沫中的气泡越变越大,越升越高。

在一定的条件下,抬升的岩浆温度相对较低并具有黏性。气泡无法向表面迁移而被困在岩浆中。这种情况就如同一个黏性塞慢慢地在管道中上升。正如山羊岩(goat rocks)的形成那样,岩浆突破到表面,形成一个黏性的圆顶,该岩是 18 世纪中叶在圣海伦斯山北侧形成的一块岩石。

在其他情况下,气泡可以扩大并撑破包裹它们的边界,释放气体并装填入熔融物质的碎片中,凝固成灰。这通常发生在泡沫达到总体积的 75% 左右时。泡沫破灭时,被存储在高压中压缩的泡沫内部的能量转化为动能。如果产生的气体与火山灰的混合物具有很高的密度,它会从火山山坡上倾泻而下,形成致命的火山灰飓风;如果密度较低,它会抬升形成高于火山的火山柱。

岩浆爆发前的地下储层(岩浆房)结构在很长一段时间里困扰着火山学家。这些储层一般都深埋地下几十英里,因此岩浆喷发必须要经过很长一段路程。然而,火山显然能够在很短的时间内排出大量的岩浆。在 20 世纪最大的两次火山喷发中,1912 年阿拉斯加诺瓦鲁普塔火山在约 60 小时内喷发了 3~3.5 立方英里的岩浆,1991 年菲律宾的皮纳图博火山在短短的几个小时里便喷发了 2.5 立方英里的岩浆。

在漫画里,甚至在一些教科书中,火山的结构往往表现为一个包含准备在高压下喷出液态岩浆的气球状的洞穴。这看起来是一个能快速喷发大量岩浆的结构,但地球物理研究表明这个简单的图画是有问题的。如果地震产生的横波穿越存储着大量液态岩浆的火山区域,那么它们就应该消失——但事实并非如此。

　　考虑到地震数据,火山学家提出火山储层中填满"岩浆粥"。岩浆粥是一种复杂的混合物,是纯熔体穿插着"糊状熔体"的晶体(即一种仅部分熔融的物质,像部分解冻的炖料),甚至与固态、温热的围岩接触而几乎凝固的岩浆。岩浆粥有足够的固态物质以支持剪切应力并传播横波,又有足够的液体使其在喷发中移动。火山活跃的洋中脊下的岩浆可能由 80%～90% 的糊状物和 10%～20% 的纯液体组成。地震波证据表明,黄石国家公园①中地下热岩包含 10%～30% 的熔融体,一些学者认为黄石公园的火山爆发并不是迫在眉睫的威胁,因为它的熔融体太小而不足以形成一次爆炸性的喷发。

　　火山深处稠密的岩浆粥是如何形成咆哮着从火山口喷涌而出的炽热气态火山灰云? 现在,我们开始通过观察这些差点没能喷发出来的岩浆来回答这个问题,即 1980 年圣海伦斯火山中不断抬升的岩浆。

3. 圣海伦斯暴风雨前的宁静

　　对被侵蚀古火山的地质研究表明,大多数的岩浆永远都不会到达地面并向大气中喷发。岩浆通常储藏在岩浆通道和岩层中,只有当火山管道系统的内部遭受侵蚀暴露出来时才会显示出来。然而,地质事件有时会破坏这一过程。我们发现在 1980 年当岩浆上升到圣海伦斯火山的山顶时是经历了一番挣扎的。

　　在那一年的 3 月 20 日,圣海伦斯火山 4.2 级的地震警醒了地质学家,火山活动迫在眉睫。一周后,蒸汽开始重新喷薄而出。是火山在打嗝还是一次大喷发即将成为现实? 在美国森林管理局大楼成立的一个临时研究中心里,一些精英科学家通过对温哥华、华盛顿地质情况的监测做出了回应。这些科学家中,有一部分是在夏威夷和喀斯喀特火山观测和研究工作中经验丰富的资深专家。我不是这样的专家。我没有火山研究经验,但我一直在黄石国家公园研究间歇泉,或许间歇泉的喷涌能帮助我更加了解火山喷发。我的发现

---

① 该公园位于美国,是世界上最大的火山口之一,景色宜人。——译者注

只是用我对工作的热情和一台值得信赖的8毫米相机得到的,我一直用这台相机来拍摄间歇泉的喷发。我认为,通过分析这些记录间歇泉喷发的胶片,我可以了解地下条件,通过对比火山与间歇泉的喷发,我可以了解其热力学和流体动力学机制。

　　火山开始喷发后的一周,那天下着雪,阴霾的天空笼罩着这寒冷的大地,我们两位专家来到山北翼由雪覆盖着的集材道的尽头。在这座山上,雪和雾并不是随处可见,所以可以使用指南针和地图(GPS出现之前),我们调整了小帐篷以让我们打开帐篷的小窗能观察远处的火山——如果空气无比清澈的话。由于我们想让在睡袋里的自己和相机都保持温暖,因此度过了不舒服的一晚。

　　黎明时分,我们被雷声惊醒。但我们很困惑,因为并没有下雨,阳光依然穿过帐篷,灿烂而明亮。我们打开帐篷看到了这宏伟的爆发景象,恰如看到雷电一般(图5.3)。于是,我们将帐篷立起来。圣海伦斯火山已经从长眠中苏醒

图5.3　1980年3月,圣海伦斯山峰一次典型的小爆发
照片由基弗(S. Kieffer)拍摄

过来。夏威夷和阿拉斯加的活火山不再是风景如画的山峰了,而是在自己家后院,一座不断喷发的火山。

圣海伦斯火山是喀斯喀特山脉的一座火山,范围很广,从美国西北部不断延伸至加拿大南部的不列颠哥伦比亚。在这里,岩质的胡安·德富卡板块被海洋底部含水沉积物覆盖,被下拉至北美板块的大陆地壳之下。由于板块和这些沉积物不断沉降,它们的压力和温度不断增加,使其熔化形成岩浆。岩浆的密度比北美板块小,通过自身运动冲出地壳到达这些活火山中——雷尼尔山、贝克山、亚当斯山等,仅举几例。圣海伦斯火山在这条火山链中是最年轻最小的一个。它的喷发历史能追溯到 37 000 年前。1980 之前在口头和手写的记录中证明火山最近的一次喷发周期开始于 1800 年,并且断断续续地持续了 57 年直到火山进入休眠。

1980 年 3~4 月间爆发时喷出的岩屑与古代喷发所形成的大量沉积物混合在一起,在山顶产生了一个小坑。直到 4 月中旬,当火山平静下来,火山口才停止增长。就像 30 年后冰岛艾雅火山喷发时那样,这些小型喷发的迹象表明一些更大的东西正在酝酿中。不同的是,艾雅火山早期喷发出的新鲜岩浆容易到达冰岛地表。而圣海伦斯火山的岩浆此刻正以一种黏性塞的形式艰难地从深处向上运动,且还没出现。然而,它已足够接近火山口,而且足够热,能够加热山上的水以驱动蒸气喷发。这和那些游客在黄石公园天天见到的间歇泉喷发时一样的——只是火山的喷发更大更肮脏。

4. 风暴:灰飓风

不利的是,在此期间,大山的北侧,在因外形而得名的山羊岩附近发生膨胀,该爆发发生在 19 世纪。地震监测及对火山北缘的形状测量表明,岩浆以接近 3 英尺/日的速度从深处向上运动。凸出的火山机构变得越来越不稳定,直到 1980 年 5 月 18 日上午 8:32——这一刻永远铭刻在地质学家的心里——它无法承受自身的重量和压力,北边消失在一系列庞大而复杂的滑坡中。

滑坡在山的北侧形成了一个约半英里宽的泥沟,形状就像古罗马竞技场。这种物质的移动几乎瞬间减少了对隐伏岩浆堵塞的压力,释放出由气体、火山灰和岩石组成的致命混合物。一朵巨大的暗灰色云状物从圆形泥沟中向北喷出,其前端以近 225 英里/小时的速度飞过这片区域。这一事件现在被称为"横向冲击波"(lateral blast),因为用冲击波形容它非常贴切,并且如此集中于横向。冲击波模型表明,在冲击波云状物内的速度可以达到 1 000 英里/小时。它摧毁了这片区域里超过 230 平方英里的森林,只剩下光秃秃的树和土壤,生灵涂炭,遇难的 57 人中有约翰斯顿(D. Johnston),他是美国地质调查局负责这片山区的地质学家。

　　火山气体含尘流被称为"灰飓风"。靠近这座山,树木及它们赖以生存的土壤被完全从土地上剥离。远一点的地方,树木被沙暴撕成碎片,只留下树桩。更远的地方,许多树木失去它们所有的大小树干,被夷为平地,就像被大火烧过一样。树木的根系被灰飓风刨出露在地表,根系背朝火山。大型测量设备被摧毁,有的就像玩具卡车一样被掀翻。

图 5.4　美国《国家地理》杂志摄影师布莱克本(R. Blackburn)的车,他在 1980 年 5 月 18 日的圣海伦斯火山爆发中丧生,车部分被埋在火山碎屑和火山灰中
照片由 USGS 的德祖里辛(D. Dzurisin)拍摄

地表的刮痕和倾倒的树木提供了冲击波传播过地面时详细而令人困惑的方向记录(图5.5)。许多灰飓风遵循着大地的轮廓——1902年在西印度群岛上马提尼克的培雷火山喷发时,这种行为第一次由法国地质学家拉克罗伊斯(A. Lacroxic)所描述。那是20世纪最致命的一次爆发,滚烫灼热的火山灰几乎达到了2 000 ℉,淹没了圣皮埃尔市。如致密云层一般的火山灰从火山峰顶的一个缺口倾泻而出,受重力驱动,从侧翼冲下,点燃了途经的一切。正是从这次爆发开始,法语单词"nuée ardente"(火云,"发光的雪崩")被常用来描述这种流动。除非它们的动量驱使它们向上运动或遇上一些障碍,否则它们就像河水一般,流下山坡。圣海伦斯火山喷发涉及的范围点多面广,包括被称为河谷冲击带的外部区域,这些流体受重力和动量的驱使。

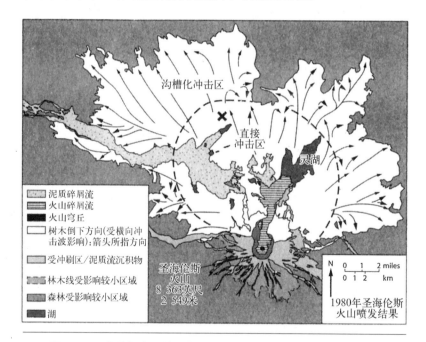

图5.5　圣海伦斯火山的北部被1980年火山喷发时的侧向冲击波摧毁,美国地质调查局地质学家约翰斯顿(D. Johnston)在这次事件中丧生,他当时大致的位置用"X"标示

根据作者手绘的一小片树林的树的倒向能概括出树倒的大致方向①

---

① 参见 http://www.geology.illinois.edu/~skieffer/maps.php。

但在一些地区,圣海伦斯的横向冲击波违背了这一简单的规律——图 5.5 中,内部区域被标记为"直接爆炸区"。火山以北 8 英里的地方,树木倒下的规律揭露了一种与众不同的方式。不考虑山谷和山脉地形之间数千英尺的地形起伏,树木直指远离火山的方向,表明爆炸像一首老军歌所传唱的:"越过山丘,越过溪谷。"("over hill, over dale.")除重力之外的某种东西正驱使着流动。

从直升机上向下俯瞰这片贫瘠的土地和被破坏的森林时,对我来说它仿佛是一个巨大的火箭喷嘴,躺在一边的引擎指向北方,从横跨整片区域的圆形泥沟中喷射出去。事实上,这是一条超越重力而驱动爆炸的另一个附加力的线索:气体从高压层(也就是山里)减压、排出并流入低压层(大气),正如第二章中所描述的那样,像在发射的火箭或自行车轮胎爆炸的气体。

我们所观察到的速度即 225 英里/小时到底有多快? 几乎可比拟专业赛车的速度或者现代商用飞机的速度。或者用另一种方式,比较该冲击波与飞机的马赫数。商业喷气机飞行的马赫数为 0.7~0.8,但根据流体力学模型,横向冲击波的马赫数为 1~4。物质运动速度比喷气飞机慢却有着较高的马赫数,这怎么可能? 要理解这一问题,我们必须看看马赫数本身,且不仅看它们在空中运动的共同背景,还要运用流体力学的方式观察。

马赫数最常用的定义是一个物体的速度(如飞机)与其所移动介质的声速(如空气)二者的速度比。气体的声速(反比例)取决于气体的分子量:对于轻元素气体氦和氢,它们的声速就很高(大约 2 200 英里/小时);重元素气体声速则较低(750 英里/小时);类似于制冷剂氟利昂这种重元素气体的声速就非常低(350 英里/小时)。这意味着,按照正常的计算,横向冲击波的马赫数约为 0.3(225/750),这大约只有商业喷气飞机马赫数的一半,与正常预期一致,即速度越低则马赫数越低。

那么为什么我说冲击波的马赫数是 1~4 呢? 如果气体中含有大量的岩石、灰尘、冰川碎片、木屑时,相比纯气体,它们的声速变得较低,有时甚至显著降低。流体力学中使用一种"尘气模型"来近似认为这样的复杂混合物为分子量很重的气体。按照分子量与声速的反比关系,这些物质的声速显著低于其在纯气体中的速度,确切数字取决于气体负载的尘埃和岩石重量。对冲击波混合物声速的最佳估计大约为 225 英里/小时。

现在我们用第二种方式来看马赫数。流体力学将气体运动的速度与其自身声速相比,而不是与物体运动时的介质声速相比。在 225 英里/小时程度上,冲击波传播时的马赫数约为 1(225/225),相对于外部气体的声速则相反,为 0.3(225/750)。详细的计算表明,冲击波内部马赫数值能达到 3~4。也就是说,火山烟流传播时相对于大气是亚音速的,但内部却是超音速。

最重要的原因是,高马赫数表明,由膨胀的气体产生的压力大于重力。这是对圣海伦斯横向冲击波在火山口周围的直接冲击区的解释。

这一区域内的树木倒塌方向与小山和蜿蜒流淌的河谷关系不大。相反,树尖直指远离火山的方向,也是冲击波内部超音速流所传播的方向。高速扩张的冲击波强烈地冲刷着这片区域,将这片重要地区的树木和土壤全部摧毁了。只有当气体速度降低到亚音速时,树木才会在风道化冲击区受重力作用而倒下。根据模型,直接冲击区高速核心与风道化冲击区的较低速度被一道震荡波所分割开来,这种冲击流中的震荡波距离火山口仅有几英里。

与横向冲击波相比,宇航员登月所用的火箭引擎显得有些弱小。土星 V 火箭由一组五枚 F-1 引擎推进(图 5.6)。所喷出气体的面积约 525 平方英尺——比标准足球职业联赛场地中球门线与 1 码标记之间的面积还大一点。而横向冲击波向北方倾泻所形成的圆形泥沟的面积大约是它的 5 000 倍。这五个 F-1 发动机总功率约 50 万兆瓦(MW),比命运多舛的福岛核电站装机容量(4 500 兆瓦)的 100 倍还多。横向冲击波的功率比土星 V 大 13 000 倍,或比福岛大 1 400 000 倍。升空时的土星 V 型的推力为 7 600 000 磅;圣海伦斯横向爆炸则是其 100 000 倍。

图5.6　F-1发动机试射,这种发动机能推动土星 V 型火箭将宇航员送上月球

图片底部可见超音速喷气装置,图片来自 NASA

5. 远走高飞

在圣海伦斯横向冲击波爆炸后约 3 小时,随着喷发,火山喷涌出岩石、火山灰和气体的暗色混合物,清通了从岩浆到山顶的通道。

那天临近中午,随着灰色水汽和火山灰混合烟流的喷出,火山特征发生了显著变化,与此同时,灼热气体和火山灰混合而成的致密流体(称为"火山碎屑流")从侧翼倾泻而下(图 5.7),一簇高耸的喷发柱冲入 13 英里的高空,到达平流层,最终在火山顶上铺展开来。虽然能用雷达探测,但其上边界因横向冲击波所形成的灰尘和烟云覆盖而模糊不清。

20 世纪 60 年代由韦布(J. Webb)编写,一些流行乐队时常演奏的歌曲《远走高飞》(up,up and away),正好恰当地描述了当火山系统的气体变得松散时的状况。在一簇喷发柱中,其速度往往能达到 900～1 300 英里/小时。尽管很难直接测量,但计算机的模拟计算表明,这些流体内部的超音速能达到数千英尺/小时,而火山口上方区域的速度更高。然而,正如在横向冲击波中,高速核心区与内部震荡波几乎总是由一层灰、白、黑色的物质所遮盖,并总是顺着它的外部缓慢旋转。高速核心区,有时也被称为"喷气推力区",在火山口附近区域形成火山烟流。喷发柱内部的震荡波决定了火山喷射的速度及凭借该速度所能到达的高度。反过来,高度决定了火山烟柱在大气中能扩散到多远,以及最终由于火山灰沉降而影响的土地面积。

喷射流越高,就越会吞噬更多的空气。这种气体比驱动火山烟柱的热气更冷,密度更大,它能阻止喷射流下降。然而,同时有另一个过程在逆转它:炽热火山灰携带的热量分散于夹带的空气中。如果有足够的热量传递,烟柱将继续向上运动,因为它已比它周围的大气更加活跃,像充满氦气的玩具气球一样上升着。

最终,喷射流失去动力和浮力。它会表现出以下两种行为中之一:瓦解,回到地面,形成受重力驱动的火山碎屑流;悬浮,但不会瓦解,保持在一个称为

图 5.7　1980 年 5 月 18 日圣海伦斯火山喷发时形成的喷发柱
照片由 USGS 的波斯特(A. Post)拍摄

"中性浮力水平"的高度(当你轻松地在特定盐度的水中漂浮时,你将处于自己的中性浮力水平,当然这取决于你的体型)。只要物质被泵入喷发柱的底部,它就会在喷发柱中上升,到达顶点后,摊开形成一个宽水平盖,即所谓的"保护伞"。这便是小普林尼在他文章开头的引言中描述的"松树的树干和树枝"的形成过程(图 5.1)。

在圣海伦斯火山爆发仅仅 11 年后,20 世纪的第二大火山爆发出现了——1991 年,经过 500 年的沉睡,菲律宾的皮纳图博火山复苏了。至少有 3 万人居住在围绕火山侧面的小村庄里,有 50 万居民住在火山周围的城市里。克拉克空军基地,冷战时期美国的一个主要基地,在火山以东约 15 英里处。幸运的是,由于从 1980 年圣海伦斯火山喷发过程中的经验教训中汲取改进的监控技术,有 6 万人已从山坡上和山谷中撤离。美军从空军基地撤离了 18 000 名人员和设备。成千上万的人和上亿美元的资产获救了。

那年的 3~4 月,岩浆从 20 多英里深的裂口一路攀升到地表,无数的小地震宣告着它的存在,最终,通过火山北翼陨石坑的蒸汽爆炸释放。春季,成千上万吨臭气熏天的含硫气体被释放出来,对地质学家来说这是岩浆即将出现的明显证据。直到火山喷发结束,有超过 2 000 万吨二氧化硫被喷射到大气中。

6 月 12 日,火山开始喷发,毁灭性的火山灰沿着山坡倾斜而下,高耸的普林尼式喷发柱直冲入 20 英里高的大气层中。6 月 15 日,台风云娜(Yunya)登陆,距离皮纳图博火山只有 45 英里。也许是巧合,也许不是,火山爆发在那一天也恰好进入高潮期。灼热密集的火山灰流体在山坡上呼啸着,破坏了监测恶劣天气所需的地震仪,把白天变成黑夜。卫星图像显示,普林尼式喷发柱扩大开来,像一把巨大的保护伞,进入平流层(图 5.8),只花了短短 2 小时,其直径便达到了 250 英里。在云娜的作用下天空愈加黑暗,喷发的效果也增强了。暴雨使得雨水渗透了火山灰,泥泞的火山灰覆盖了岛上 3 000 平方英里的大地。

火山喷出了 1.3 立方英里的火山灰,并在地球上挖掘了一个大洞——火山喷发形成的一个直径 1.5 英里的火山口(破火山口)。火山口的塌陷阻塞了岩浆的供应并使喷发停止。

科学家分析了四张仅能看见皮纳图博火山烟柱伞状结构的卫星图像,证明了巨大的伞状结构并不是圆形的,而是有五个瓣,并且是旋转着的。每小时的旋转率不是很大,2 小时大约旋转 10 度,但它足以造成动力失稳,即从卫星上观察时圆形伞状结构为叶状结构。

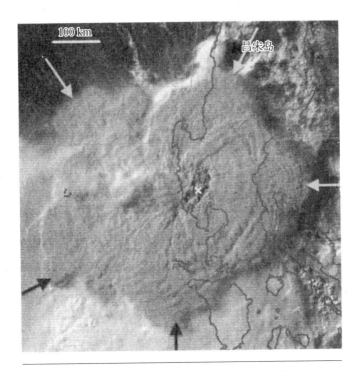

图 5.8　皮纳图博火山喷发烟柱的卫星照片
黑色实线表示菲律宾群岛的轮廓,"X"表示火山位置,五个
箭头标示"伞面"的扇[①]

　　这是人们自 1811 年以来第一次——有史以来仅有的一次——对旋转火
山烟柱的观察,一位船长描述了当时情形,火山口和喷发柱出现在亚速尔群岛
的海面上,该群岛是北大西洋由九座火山组成的岛链。船长描述喷发烟柱旋
转得"像一个水平的轮子"。他还指出,火山喷发伴随着闪电的光芒,"不断从
火山喷发最密集的部分发出"。然后,正如他所说,喷发柱"以大块白云状翻
滚,逐渐在水平方向伸展,并制造出大量水龙卷"。

　　虽然这些特征中有些已经在其他的喷发柱单独出现过——如冰岛的叙尔
特塞岛的水龙卷[图 5.9(a)]或智利沙伊顿一个火山口的闪电[图 5.9
(b)]——船长的记录表明这是唯一一个在一个火山烟柱中同时发生旋转、闪
电、水龙卷的案例。

---

① Chakraborty P. *et al*. Volcanic Mesocyclones[J]. Nature,2009,458:497-500.

(a)

(b)

图 5.9　火山喷发形成的龙卷风状水柱与火山喷发柱中的闪电①

(a) 1963 年叙尔特塞火山喷发形成龙卷风状水柱;(b) 2008 年 5 月 3 日柴滕火山喷发柱中的闪电[照片由兰道媒体的古蒂雷斯(C. Gutierrez)拍摄]

---

① Thorarinsson S., Vonnegut B. Whirlwinds Produced by the eruption of Surtsey volcano[J]. Bulletin of the American meteorological society, 1964, 45: 440-444.

新发现的旋转现象，结合火山喷发烟柱的闪电和水龙卷的传闻或书面记录等大量证据，可以得出一个理论，那就是火山喷发烟柱有着与第八章讨论的气旋的动力学机制非常相似。根据这一理论，从近地面摄取流动的空气并使喷发柱旋转，这一过程与气旋的旋转很相似，并且这种自旋会转移到伞状结构，出现我们看到的旋转。这种解释开拓了利用大气气旋来研究火山气旋的可能性，但人们在大气气旋的研究可以将仪器放入气旋中进行，可火山气旋中几乎不能放入任何仪器设备。

皮纳图博火山喷发后的数年，泥石流不断破坏火山周边的主要水系，许多河流仍然多年被泥沙堵塞。火山喷发致使超过 200 万人流离失所，8 000 幢房屋被摧毁，73 000 幢房屋遭到损坏。公共基础设施的总损失近 4.5 亿美元。农田和森林遭到严重破坏，克拉克空军基地也被美国废弃了。

大约 2 000 万吨的二氧化硫注入了平流层，导致到达地球表面的阳光减少了 10%，从而使之后多年北半球的温度降低了约 1 ℉。也许是巧合，也许不是，1992 年美国经历了自 1915 年以来的第三冷和第三潮湿的夏季，导致密西西比河和密苏里河流域发生了"1993 大洪水"。火山喷发注入大气中的硫化物严重破坏了臭氧层，使地球臭氧水平达到了历史新低，那时南极地区的臭氧空洞也因臭氧的耗尽而达到了其最大尺寸。

6. 间歇的爆炸：火山爆发指数 VEI，火山里氏震级

相对于地质学家过去研究火山沉积物所了解到的火山喷发，这里讨论的火山喷发是相对较小的。火山学家提出了火山爆发指数（volcanic explosivity index，VEI），提供了一个衡量火山喷发影响大小的方式。基于人们对地质学的了解，我们知道火山爆发能产生大量的物质，从微量（几立方英尺）到难以想象的巨量（几千立方英里），并且它们喷发的方式可安静亦可猛烈。

在理想情况下，火山灰的产生量、火山口上方喷发柱的高度和火山爆发的持续时间都在火山爆发指数的考虑范围内。在实践中，由于考虑到史前或未观察到的爆发，对许多喷发烟柱高度的观察及对喷发持续的时间是无法获得

的,所以火山爆发指数的划分基于这些参数模型。小型喷发的熔岩流的火山爆发指数为 0(例如,一个足球场的某一部分充满熔岩,其 VEI 为 0)。最大可能的喷发可达到 8 级,如此猛烈而巨大的喷发正是绝佳的好莱坞电影素材。

VEI 指数的定量化比里氏震级小,但仍然给予我们潜在的火山活动以全方位的透视。比起远古的火山喷发,VEI 更容易划分近代的火山喷发等级,并且它能用于过去 10 000 年内爆发的 5 000 次火山喷发。

1883 年喀拉喀托火山喷出的烟流上升到 15 英里的高度,岩浆喷发量超过 2.5 立方英里。四次巨大的爆发留下了一个 3.5 英里宽的大坑,喷出了 1.2 立方英里的岩浆,超过 500 平方英里的土地被破坏,城镇和村庄被超过 30 英尺高的海啸摧毁,超过 36 000 人丧生。喀拉喀托火山的四次爆发相当于约 200 兆吨 TNT 所释放的总能量(广岛原子弹爆炸当量为 2 万吨 TNT,事实上相当于该火山爆发的 0.01%)。火山灰十分厚重,火山周围地区陷入了数日的黑暗中。13 天内火山灰围绕着地球,出现了近三年来最壮观的红热日落。喀拉喀托火山爆发的次年,全球气温下降 2 ℉以上。本次爆发的 VEI 为 6,皮纳图博火山和诺瓦鲁普塔火山的爆发指数也是 6。

7. 反思:链式反应

思考未来的火山活动,正如提前考虑即将到来的灾难一样,人们对这些"未知的未知"发生的可能性留下了一层阴影。有什么近乎不可思议的存在即将发生吗?除了近几十年的好莱坞大片,特别是黄石火山爆发的可能性,大多数人对于导致天变地异的火山喷发概念还是未知的未知。但对于地质学家来说,并不是完全未知的。我们已经重建了很多关于过去所发生事物的原貌,但我们仍然还不能精准定位火山何时何地爆发,前兆是什么或者会造成怎样具体的局部或整体的后果。举个例子,我们假设如果黄石火山即将苏醒时会有警告,但它大约每 50 万年爆发一次,那么这些警告又会是什么?这些警告会提前多久出现?1 年?10 年?100 年?1 000 年?相比起数百或数千年,这些时间尺度是非常短的,但也可能太长以至于我们是否能得知这是一连串的事件,并将其作为大事件即将发生的征兆。这不仅适用于火山喷发,也同样适用于地震预测。

　　纵观历史,我们知道,火山影响了人类及我们的经济和文化。一座休眠火山通常隐藏在温柔的田园山坡下,为农村和大城市的人们提供丰硕的成果,维持着社会的繁荣。但当沉睡的巨人内部的条件发生变化时,灾难是巨大的,特别是爆发引起的一连串连锁反应。在当地,火山爆发的影响可能仅仅是令人窒息的火山灰覆盖物,但也会伴随着一系列的连锁反应,包括泥石流、滑坡、海啸等次生灾害(见下一章)。在全球范围内,排放的气体会导致大气的温度和化学环境发生变化,形成酸雨及半个地球甚至全球的大范围降温。

　　全球变化很大程度上是因为火山烟柱中硫的排放。气态硫在平流层中转化为硫酸,回到地球则转变为酸雨。正如我在前文中描述 1991 年皮纳图博火山喷发造成的影响中所提到的,硫形成硫酸盐气溶胶,参与化学反应,破坏了能吸收太阳有害射线的臭氧层。气溶胶同时也反射太阳辐射,从而帮助地球降温(也许对于这几十年来的全球变暖来说暂时是一件好事)。但这种冷却效应在过去却给人们创造了恶劣的生存条件。

　　1815 年的坦博拉火山喷发,是在过去的 1 万年中最大的一次火山喷发,不仅造成了超过 7 万人丧生,而且因为气溶胶的排放使 1816 年全球温度下降了 1°F。这样的降温幅度听上去也许不多,但它却剥夺了北美和欧洲 1816 年的夏天。新英格兰地区 7 月和 8 月竟然下起了雪。一种理论认为,火山在新英格兰地区的影响是如此严重,造成该地区人口的大幅减少,是因为遭受重创的农民开始迁移到俄亥俄河谷和内陆中部。坦博拉火山喷发的 VEI 指数达到了 7 级。

　　并不是所有对人类有影响的火山爆发都发生在近代,爱琴海中的锡拉岛(今圣托里尼)在约公元前 1450 年发生了一次大型的火山喷发,VEI 指数也达到了 7 级。最初,人们认为锡拉爆发"只"喷发了约 9 立方英里的岩浆和岩石,但最新的估计表明,其喷发量达到了 15 立方英里。因为锡拉岛相当靠近希腊克里特岛,该岛上有着繁盛的米诺斯文明——有时也被称为欧洲第一文明——人们逐渐猜想,该文明在锡拉火山喷发的任意摆布之下遭受了灭顶之灾。

回到更久以前,过去 250 万年来最大的火山喷发发生在 73 500～71 000 年前的苏门答腊岛的多巴。几乎可以肯定,爆发引起了火山冬天。虽然一些研究人员认为这个想法非常有争议,但遗传学证据表明,这段黑暗时期造成了人口的瓶颈期,因为仅有 500～3 000 名女性存活。多巴火山爆发的 VEI 被评定为 8 级,这是一次真正的灾难。

第六章　水的力量：海啸

1. 巨型海啸：立图亚湾的脱缰野马

1958 年的一个深夜，极昼之下，在阿拉斯加某个偏远地区，立图亚湾上方的山体发生了夹杂着冰和岩石的山体滑坡，并以 250 英里/小时的速度落入水中，打破了海湾水域的平静，触发的海啸达 1 722 英尺高，直到现在还保持着世界最高海啸的记录（图 6.1）。虽然它仅造成近海岸一艘船只上一对夫妇丧生，但我们还是能够通过其他船上侥幸逃生的两对夫妇得知海啸当时的情形。

立图亚湾，一个冰河时期冰川在阿拉斯加狭地刻蚀出长达 7 英里的深峡湾。冰川消退后，留下的冰碛物形成了一个岬角，部分地隔开了这个海湾与阿拉斯加湾。内陆海湾的边缘，有从悬崖向峡湾倾泻而下的三座冰川，因此树木覆盖了除这之外的整片区域。立图亚湾的冰川在 1958 年 7 月 9 日的 7.7 级地震中解体。幸存者比尔（Bill）和斯旺森（V. Swanson）被地震时剧烈晃动的船摇醒，他们讲述了自己的经历：

冰川在空中升起并向前移动，所以它就在眼前。它一定上升了几百英尺。我的意思是冰川并没有悬在空中。冰川应该是固体，但它疯狂地跳动摇晃着。大块大块的冰从它表面脱落，掉入水里。虽然离我们有 6 英里远，但它们看起来仍是很大一块。它们从冰川上掉下来就像石头从超载的翻斗车上掉下来一样。就一会儿，也很难说是多久，冰川在视线之外突然后退,顿时那里便出现了一堵巨大的水墙。水波开始向我们驶来,我太紧张,所以完全忘了后来发生了什么。

图 6.1 立图亚湾岸边的山梁,高 1 720 英尺;山上所有的树木和土壤都被海啸卷走了(图右侧),这足以证明海啸的浪高有多大

图片由 USGS 的米勒(D. J. Miller)拍摄

这水波简直就是一座真正的水上山峰。它能淹没帝国大厦,以及任何 300 英尺以上的东西。它能掩盖明尼苏达的任何一座山峰(1 700 英尺),使其他十二州和哥伦比亚特区相形见绌。

斯旺森是海湾内的一个小峡谷,比岬角小一些。4 分钟后,从海湾袭来的水浪涌向他们的小船,不过高度已经开始衰减。但它仍然能够掀翻船只,并向阿拉斯加湾奔涌而去,波浪高达 80 英尺,比岬角上生长的树木还要高。船只只能在水浪中随波逐流,直到船身损坏。波浪使小船分崩离析,沉入了岬角附近的水底。

立图亚滑坡就某些方面来说是不寻常的。它是陡峭的山崖上靠近水体的冰川与一条大型的活动断裂带相结合的危险结果。4 000 万立方码的碎片跌入海湾——相当于边长为三个足球场大小的立方体——更类似于陨石撞击而不是一次普通的山体滑坡。

　　更常见的是海啸使火山的侧翼垮塌，它是不稳定的熔岩、火山灰和灰烬的混合物。灰烬会像滚珠轴承一样有助于滑动。地质研究可以告诉我们这样的山体滑坡如何形成了这可怕的大海啸。1883 年喀拉喀托火山喷发导致的海啸在几百英里外的中爪哇将荷兰轮船 Barouw 号沿固里班河逆推了 2 英里（图6.2）。在夏威夷主岛，发现约 11 万年前沉积的砾石处于当前海平面以上 200英尺。这些砾石在沿岸波浪的作用下，变得光滑。可是它们又怎么会出现在海拔 200 英尺的地方？难道也是因为一次滔天巨浪吗？

图 6.2　荷兰轮船 Barouw 被喀拉喀托海啸冲到固里班河，停止在深入内陆 2 英里、高出海平面 30～60 英尺的位置

版画由科托（E. Cotteau）制作于 1884 年，由英国皇家学会提供

　　如果砾石能够出现在高于岸边 200 英尺的地方还不够引人注意的话，那么它们排列重构的方式更为惊人。如果夏威夷一直在海洋中抬升，或者发生海退，那么仅仅经历这些过程，这些古代砾石就可以处于海平面以上了。但在

过去的地质时期,持续的火山喷发不断堆积越来越多的熔岩在其表面上,使岛屿的重量增加并导致它慢慢下沉。那些海拔 200 英尺处的砾石,在它们沉积初期时的位置肯定更高。原来的下沉速度表明,它们可能沉积于海拔 1 300 英尺的地方,并从海岸向内陆延伸 3 英里。虽然有争议,有证据表明,11 万至 12 万年前,它们是被冒纳罗亚火山侧翼滑坡而引起的海啸倾倒在那里的。

由山体滑坡而不是岩浆和气体的喷发所引起的海啸造成了日本最严重的火山灾害,也是世界上第五大严重的火山灾难。在 1792 年的地震中,九州岛的史前火山云仙岳崩塌了。以巨型山体滑坡的形式滑入大海,造成了九州东部海岸 330 英尺高的海啸,致使约 15 000 人丧生。火山侧面的山体滑坡造成了阿拉斯加、新几内亚、印度尼西亚、意大利和加勒比海的蒙特塞拉特岛的海啸悲剧。1980 年圣海伦斯火山滑坡是美国历史上最大的滑坡。滑坡产生的波浪有点像海啸,浪高超过了 800 英尺,越过灵湖,冲到了火山北边高处的村庄,消退时将被横向冲击波刮倒的树木带到了灵湖。虽然对于它们穿越过的地区是灾难性的,但山体滑坡和火山爆发通常并不会产生围绕整个海洋盆地传播的破坏性波动。它们像鹅卵石,无可否认的大鹅卵石,投进一个巨大的池塘,产生的波浪很快就衰减,无法传播很长的距离。

另一方面,地震可以扰乱海底大范围地区并产生可长距离传播的波动。那么,是什么决定了一次毁灭性的海啸能否只是影响本地区,或是冲击到海洋盆地对面的海岸?要理解这一点,我们环行在印度洋和太平洋周围进行实地考察,检查海床与海水究竟发生了什么及海啸出现时的地震现场。接着,我们通过仔细观察 2011 年东日本海啸来临时对海岸的冲击,以了解海啸是如何穿越海洋到达遥远的彼岸。与本章有关的状态变化是灾害发生时水体表面高程的变化,如火山爆发或地震,以及水体中这种扰动的传播。在扰动中,水的势能发生了变化,能量在遥远的海岸转化为动能。

2. 印度洋大海啸和东日本海啸

2004 年 12 月 26 日上午,9.2 级的印度洋地震在太平洋和印度洋内引起了巨大的海啸。100 英尺高的巨浪猛烈袭击了苏门答腊岛的海岸，较小却依旧致命的海浪冲击了更远的海岸，如斯里兰卡、印度、泰国、索马里和塞舌尔。不幸的是，很多地区地处偏远，加之印度洋中海啸探测系统的不足，以及这些地区的通信基础设施较差，海岸上很多人没有得到预警，他们的命运永远地被改变了。海啸来袭前的预警较少，目击者和幸存者也很少见。这次海啸是近代史上最惨重的一次自然灾害，造成了超过 25 万人可能多达 30 万人丧生。

相反，2011 年，当一场 9 级地震撕开太平洋海底时，一系列精密的仪器监测到海洋底部发生地震，并跟踪了地震波向日本传播时所产生海啸的发展过程。日本位于构造活动带上，对于地震和海啸有着悠久的书面或口头记录，所以日本的城市管理者建立并实施了强有力的建筑规范和应急演练。分布广泛的警报系统时刻预报着可能发生海啸的警告，在偏远村落中警报器和扩音器发出高分贝的嘟嘟声，醒目的海啸预警标志向人们指示前往高处避难的地点（图 6.3）。正如加利福尼亚常见的人们对地震的防护意识和地震演习，海啸防护意识和演习在日本也是如此，所有人都知道该做什么。

图 6.3 竖立在海啸危险区海岸线的通用警示标志
图像引自美国国家海洋和大气局（NOAA）

东日本大地震期间,许多建筑物经受住了地震本身的强烈冲击和震动。然而,震源太过接近本州,以至于一些居民,尤其是老年人,根本无法快速从海啸发生地安全撤离。死亡和失踪的 19 000 人中,65%是超过 60 岁的老人。但相比于海啸,地震的损失是极小的;海啸淹没夺取的生命超过地震灾民的 92%。

图 6.4 1896 年明治-三陆海啸淹没过这个小山,它的标高是 125 英尺(38.2 米)

照片由 USGS 的里奇蒙(B. Richmond)拍摄

这片区域被称为日本的"海啸海岸",在海啸悲剧的列表中十分凸显,因为它受到过多次海啸的冲击和破坏。在 1896 年一次巨大的海啸期间,一名英国观察员将两个古老的日语单词拼在一起——nami(なみ,波),意为"波浪",tsu(つ,津),意为"打破海湾"——产生了海啸(tsunami,日语作つなみ,津波)这个术语,在世界各地广泛使用。1896年的海啸事件(现在被称为明治-三陆海啸),在短短的 30 分钟内摧毁了9 000 间房屋,带走了 10 000 艘渔船,致使27 000人丧生(图 6.4)。

那么海啸发生到底是什么样的? 据事件的目击者描述:

晚上 8 点,几乎所有的人都在家里,此时,海洋发出隆隆的重响,房屋的木梁碰撞着噼啪作响,它们顿时被卷入漩涡之中。海岸线上只有少数幸存者看到了向前翻涌的波浪,他们中有人说水先从可怕的白色沙滩向后退去 600 码(1 码=0.914 米),然后高达 80 英尺的水波像一堵黑色巨墙伫立在那里,顶上仅有一点反射的月光。在开阔海岸,海浪袭来,在 5 分钟内又退去,而在长长的海湾处,海水沸腾、翻涌近半小时才平息。一名忠实的校长在寻找自己的家人之前把天皇的画像带到一个安全的地方。有一个战后时常害怕受到敌人攻击而退役的士兵,有点疯癫的他还以为第一声巨响是敌舰的炮击,于是拿着他的剑跑到海滩去对付"敌人"。

任何在 5 英尺、6 英尺或 10 英尺的海浪上冲浪的人几乎都会被波浪强大的力量冲到海底。在完美的冲浪条件下,鲜有高度熟练并喜欢冒险的冲浪者可以驾驭 100 英尺的海浪,任何失误都可能导致悲剧。没有人类能驾驭这些海啸。一直到东日本大地震期间出现了 127 英尺高的波涛,才打破了由明治-三陆海啸波保持着的 125 英尺的世界纪录。这些波浪究竟有多大? 它们相当于华盛顿水门综合大厦的高度、巴西里约热内卢的基督救世主雕像的高度。由于日本海啸的悠久历史(和严重的台风),一些海堤的高度达到了 30 英尺,以保护沿海村落。不幸的是,在 2011 年,这些海堤的作用明显不足,它们被高过墙壁、席卷整个城市的大量的水体淹没,它们的防卫失效了。

海啸的活动过程分为三个阶段:诞生、传播、消亡。海啸在特定而危险的状态变化中产生,这种海洋的正常状态往往被地震、山体滑坡或火山喷发中断。它以令人惊讶的距离向远洋传播,最终在遥远的海岸上衰减消失。

是什么原因导致的海啸? 每一次海底地震都会引发海啸吗? 它们为什么具有如此巨大的破坏性? 不同于海滩边普通海浪的海啸波涛究竟是怎么样的? 为什么它们能影响到距离它们产生地如此遥远的地方? 在我们能够回答这些问题之前,我们需要做一个小小的转折,阐述一下波的一般特性,这个转折不仅与这一章有关,下一章也会涉及。

3. 引论：波涛与少年

什么是波? 波能够携带所传播介质的变化信息。这些变化被称为"生波力"(generating force),具有许多不同的类型。正如地震产生地震波穿过地球

(第三章),嘴唇发出的低语将声波送入空气,丢入池塘的石头产生表面波在水中激起涟漪,雨夜里闪电产生冲击波击穿大气,高速公路上的车祸产生撞击波穿过事故车辆。许多科学家和工程师,包括我自己,他们的整个职业生涯都在试图找出哪种波能为我们阐述生波力。

当生波力产生了波,其他力将会与它相互排斥,导致它最终消亡。这些排斥力包括摩擦力、重力、表面张力和黏度。例如,丢入池塘的卵石撞击水面产生一个凹陷,重力的作用便是填补这个凹陷并使池塘里的水恢复到原始状态。如果在波动中重力为恢复力,该波动便称为"重力波"。海啸即是重力波,也属于"行波"(traveling waves)的一类。当波在长距离中自由传播,没有太多干扰的情况下,这种情况便会发生,例如,当海啸在海洋中传播。(相比之下,固定的或"静止的"波,往往在其被困在有限的空间中形成,就像海洋之于浴缸。)

波很像十几岁的孩子们,他们通常(但不总是)以群体为单位活动。这些波的群体,或"集"(sets),具有一些特别的性质:高度、陡度、长度、频率和周期,后三者是相互关联的(图6.5)。与少年们相似,水浪都有不同的大小和形状,但英国数学家、物理学家斯托克斯(G. G. Stokes)向我们展示了一种简化分析的方法。在18世纪中叶,流体动力科学还处于起步阶段。而23岁的斯托克斯发表了一篇重要论文,大大提高了我们对一般的流体运动,特别是对波的理解。在那些近似的数据和简洁的数学背后,斯托克斯认为,两种水体的不同行为可以通过比较水深和波长得以获取。水的深度描述为"深"或"浅",但这些术语只对一种特定的波有意义。

如果波在水中传播时水深大于传播距离的半波长,它被认为是"深",符合这个标准被称为"深水波"(我们将在下一章讨论)。如果深度小于波长的1/20,水被认为是"浅",而满足这一标准则被称为"浅水波"。注意,在这种情况下:① 我们认为"很深的"水,比如海洋中的水,如果波长足够大,就流体动力学角度来说可能依然是"很浅的";② 正如我们在本章探讨的,海啸在穿越海洋时表现为浅水波,甚至在最深的海水中也是如此。举个例子,在2英里深的海洋里,波长为4英里及以下的波为深水波,而长度超过80英里的水波都

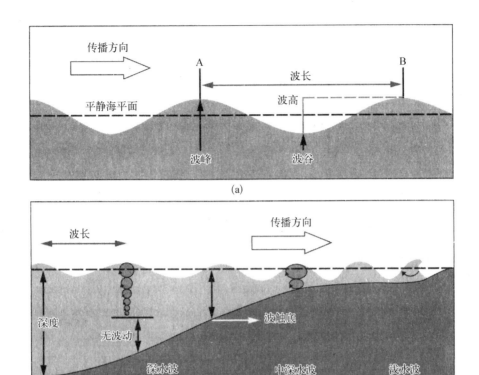

图 6.5　波动术语示意图

是浅水波。深水波与浅水波之间的波长变化范围很大——本例中为 4～80 英里。我们很难分析这个范围内的波长，因为它们不满足深水波或浅水波的近似，因此本书将不再进一步考虑这些波。

现在我们有了这些对波的入门知识，可以回到海啸本身了。

4. 海啸的形成

每当出现海啸警报时，官方向公众传达的是两个信息：前往地势高处，即使在第一波海啸已经过去也要待在那儿，直到海啸警报全部解除才安全，为什么呢？——海啸通常不只有一波浪潮，而是由一系列波长为 100 英里或更长的波组成的。因为波长太大,后续波可能会高于第一次,并且可能在第一个波浪的几分钟甚至几十分钟后到来。要理解为什么海啸有这种特点,我们要看看震源区的地壳及其上覆的海洋在短短的几秒钟或几分钟内的状态变化。

并不是所有的地震都会产生海啸,不确定性会导致海啸预报的噩梦。什么时候才必须发出警报?什么时候不必?预测是否会出现海啸,其规模多大,地球物理学家和海洋学家正在一起工作,在巨型计算机中运用复杂的数据分析和建模软件,以不断监测穿过地球的地震信号。震源发射的地震波需要大约 25 分钟才能到达全球地震台网的各站,之后计算机则需要 10分钟通过模型处理数据。官方现在可以在 1 小时之内发布海啸危险的初步评估结果。

在这 1 小时内,科学家在寻找确定海啸可能性的四条信息:断层的运动几何结构、地震能量、震源深度、断层破碎带的水深。让我们简要地验证一下为什么这四个信息如此重要。

最后一条大家都知道。海啸中水量的多少决定于水深和地壳在地震中移位的范围。地壳移位区之上的水越多,进入海啸的水也越多。地壳移位以一种相当复杂的方式与断层运动的几何方式相关。

地震中岩石在断层中发生垂直运动,以致在水中形成凸起或凹陷而形成海啸(图 6.6)。很大一部分垂直运动的震动[图 6.6(a)、(b)],被称为"海啸式"地震,通常发生在地球的俯冲带中——岩石圈的一个板块俯冲插入另一个板块之下而不断下降(图 3.1)。海啸地震主要发生在环太平洋地区,世界有

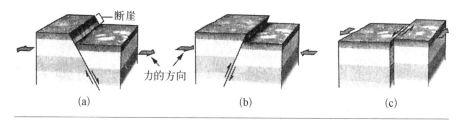

图 6.6 断层运动

(a)、(b) 孕育海啸的断层运动术语示意图;(c) 不会引起海啸的断层运动

2/3 的海啸都发生在此。当然在印度洋、地中海和加勒比海也时有发生，地震在这些海域较少发生垂直运动，而以"平移"运动为主，而这种运动并不会产生海啸。加利福尼亚的圣安德烈亚斯断层就是典型的这类断层。

　　海啸地震发生期间，断层撕裂地壳时，一块面积达数千平方英里的地壳就会突然上升或下降。东日本大地震期间，面积近 6 000 平方英里的区域（相当于康涅狄格州的大小）上升多达 15 英尺，并扰动了巨大的水体。如果地壳上升，它将推动水向上凸起，而水在重力的作用下流动到周围的海洋。如果地壳下降，那么覆盖在上面的水也会跟着下降，形成水表面的凹陷。海洋在重力的作用下流入凹陷处，这就产生了海啸（图 6.7）。

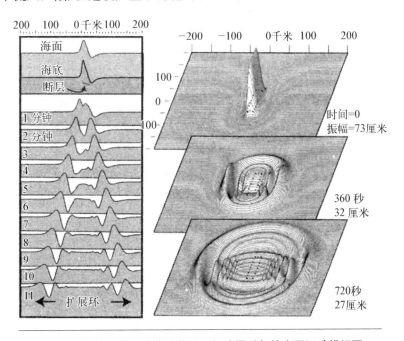

图 6.7　逆冲断层活动造成的 7.5 级地震引起的水面运动模拟图

　　断层区的水域以矩形虚线框标示。最初的水面位移以时间＝0 表示，下面两张图反映了在 6 分钟和 12 分钟后的水面波动情况。请注意，海啸的最大波幅和主要能量都沿垂直断层面的方向传播。图像由沃德（S. Ward）提供①

① Ward S. N. Tsunami//Gupta H. K. Encyclopedia of Solid Earth Geophysics New. York：Springer，2011：1493-1498.

　　要想了解海啸在诞生期中的波长到底有多大,以及它涉及的各种波的种类,请想象一下地震导致地壳破裂,并创造了一枚由地壳物质组成的"活塞"。典型的地震活塞可能有 100 英里长,数万英里宽。为方便讨论,我们假设发生地震时它的推力向上。地震时释放的大量能量进入与断层相接的粉碎滚烫的岩石中,但有一小部分能量转移到水中。然而,这种能量已足以使大量水体运动起来。

　　发射能量到水中的过程不仅与活塞的面积有关,还与在地震中它的移动距离(即位移大小)有关。(拳击手能很好地明白活塞的这种物理机制——一次经过长距离挥动的大拳比一次经短距离挥动的小拳更有力量。)地震震级也与地壳面积和位移有关,这也是在预测海啸规模时估计地震震级占据重要地位的原因。

　　海啸的破坏潜力在另一方面取决于断层几何形态。在某些方向断层破裂时产生的波比其他方向更大。沿较长边破裂而传播的波(即垂直于断层面产生的波),往往比沿断层末梢传播的波(即平行于断层面产生的波)更大更强(图 6.7)。如果两海岸线距断层的距离相等,垂直于断层的海岸线比平行于它的更可能受到破坏。由于这种几何效应,孟加拉国(虽然位于近海平面)很大程度上幸免于 2004 年苏门答腊地震产生的破坏。

　　震源深度至关重要,因为只有当海底向其上覆海洋水体运动时才会产生海啸。如果震源在地壳中太深,则可能导致它永远无法突破海底,如果这样,也许它会很缓慢地运动着,给海水一个温和的冲击力。垂直位移大、矩震级高的浅源地震形成最大的海啸。

　　根据至少一个模型,地震后最初几秒的动力过程极具戏剧性。事实上,它们是如此戏剧性,让我怀疑震源附近的鱼会毫无乐趣可言!破裂中地壳活塞的加速度对上覆水体产生了压力脉冲,这种压力脉冲与汽车发动机气缸中混合气体燃烧产生的推动活塞的压力脉冲很相像。

　　初始压力脉冲向各个方向以约 1 英里/秒的速度在海洋中传播。在水平方向,朝着或远或近的沿海海岸前进。然而,在垂直方向,压力脉冲向着水面进发,最多可到达几英里远。当这种压力波传到水面时,它又会反射回海底,然后再一次向海面反射——这样来回跳动，与光波、声波在其路径中的障碍之间来回反射的方式大致相同。这种反射使海洋恢复到由地震产生的海底新平衡状态下。

举一个具体的例子，一台超级计算机可以通过解方程，大大简化地提供了解这个过程的条件。这个例子是一个实际过程的微观版：海洋只有半英里深，地壳活塞直径也只有约100码——这样的简化能减少电脑计算所需的时间。海洋底部的海水压力是正常大气压的100倍。地震给予活塞一个向上的初始推力，其只需0.005秒就能达到约450英里/小时的垂直速度。（相比之下，速度最高的赛车从开始加速到100英里/小时也需要0.7秒。）

活塞的冲击力增加了海床附近水体的压力，约为4000个标准大气压（1标准大气压=101000帕），是正常水体所施加压力的40倍。附近的鱼儿绝不想增加如此大的压力，这也远远超过了使人耳膜破裂的压力。以接近1英里/秒的速度向四面八方传去，波只用半秒多一点就直接到达了活塞上的海水表面。在水面，波朝向海底反射，产生一系列的波以恢复海洋的正常压力分布。在本例中，恢复正常压力分布的时间大约需要16秒。

当压力波冲击活塞上方的水体，会形成一个凸起——海啸——在这个特殊的例子中，海啸只有8英尺高。根据这个假设条件的干扰，16秒的时间里，波向海洋传播，使这个凸起的直径扩大了约30英里。海啸的波长产生的这个凸起，此例子中是30英里，但在真正的更深的海洋地震中，这个过程更大，波如图6.7所示。

然而，我们知道，引起巨大海啸的地震并不是由瞬时断裂产生的；断裂过程能持续数分钟。波从震源开始的传播实际上是很复杂的。有一种方法能够拓展这里所描述的长时间断裂的简单模型，那就是认为它是由沿断层不同部位的一系列小而简单的瞬时事件产生的。从这个角度看问题，我们可以了解到，产生的所有波都具有较长的波长，因为震源区域（即早先描述的一系列假想的活塞）非常大。

这个简单的例子说明了一个海啸产生的三个关键点。一是，动荡水体的区域大小决定了海啸的波长，其取决于震源持续数秒到数分钟的具体事件。

二是,几十到几百英里的波长相比通常的海洋深度(几英里)是非常大的。三是,活动地壳上的所有水体,从海洋底部到海面,都是运动的,并不是只有海底或海面的某一层。这三个特点对海啸从产生地到遥远海洋彼岸的传播具有重要影响。

5. 自由奔驰：洋中海啸

正如我们所见,海啸诞生过程中会产生长波波浪,其波长超过了海洋的深度。因此,根据波的入门知识,海啸是以浅水波传播的。波速只取决于水的深度(更准确地说,为水深乘以地球重力加速度的值的平方根)。东日本海啸席卷了太平洋东部平均深度约 2.5 英里的洋区。它的平均速度约 450 英里/小时,是一架小型商用喷气式飞机的速度。部分海啸越过浅水区向西向日本传播,到达本州岛时的速度仍有 250 英里/每小时。震中距本州只有 125 英里远,尽管对地震波来说这可能一段很长的距离,但对于生活在海边的人们与震源地的距离来说,是非常短的。海啸到达海岸只需花费不到半小时的时间。

浅水波的一个特点是,源头周围所有的水,从洋底到水面,都是运动着的。当一个波峰经过,粒子随波的方向前进,当波谷经过,粒子则向相反的方向后退(图 6.5)。一般地说,在波过去后,粒子大约会回到波到达之前的位置。但鉴于海啸的波长,水分子可以以某种方式进行长途传播,然后返回到原来的位置。例如,当海啸波峰移动到陆地上,它能够在波谷到来并带动海水向海洋返回前,向内陆传播 1 英里或更多。

讽刺的是,海啸在海上很少观察到。除了在海啸地震震中附近,海上海啸的最大高度与波长相比也是很小的。这意味着,即使波浪过去了,航行的船只也不会有任何感觉。即使当巨大的东北海啸沿着它的路径穿越太平洋,向美国北部海岸进发时,也不足 1 英尺高。

海啸穿过水深不一致的大洋时,沿途会遇到岛屿和大陆。它被弯曲、被障碍反射,就像交响乐乐团的音乐波被精心设计的音乐厅反射一样。这些遭遇会影响海啸的高度和速度。美国国家海洋和大气管理局(the National

Oceanic and Atmospheric Administration，NOAA)的科学家计算并预测出的东日本海啸的波高是这一现象最显著的视觉效果。看上去像宿醉时的眼球(图 6.8)，不同的灰色色调反映出海啸到达太平洋不同位置时海浪的高度。

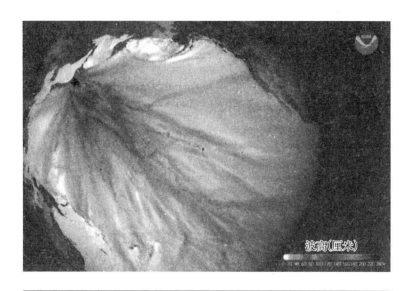

图 6.8　NOAA 关于海啸在太平洋向东传播时的浪高模型

颜色最深区域的波高为 10～20 英尺，但在太平洋的大部分区域，波高不到 1 英尺(浅色)。在本图的比例尺条件下，图 6.7 所描述的源区模型太小，看不出来

海啸的巨大破坏性直接与体积庞大的水体运动相关。一般海啸中容纳的水量就已超过了最大风力所能驱使海浪中水量的 5 万倍。海啸的威力也同样巨大。事实上，就严格的科学意义来说，海啸的能量是可以计算的。2004 年的印度洋海啸，其功率约为每码海岸线 1 兆瓦。这意味着每英里海岸线的功率有近 20 亿瓦，近 300 英里的海岸线受到严重影响。海啸的总功率为 5 500 亿兆瓦，这些能量可以为地球上 70 亿人每个人持续点亮一个 60 瓦灯泡。

6. 海啸的消亡：冲上岸

2004 年苏门答腊地震和海啸的悲剧提醒人们需要研发新型仪器，以使得对地震数据系统、海啸的产生和传播模型及风险模型和实时预警系统相结合。日本曾于 2011 年布设这类装置。特别是其中的两个洋底压力传感器提供了大海啸的关键数据。传感器分别距离海岸附近的釜石市 47 和 34 英里,釜石市是一座受海啸灾害严重困扰的城市。传感器记录给出了有关海啸高度的详细图片。在最初的 13 分钟,高度上升到海拔 7 英尺。然后,在接下来的 2 分钟内(准确地说是 100 秒),海浪并没有削减,更多的水又将海啸高度增加了 10 英尺,在近海岸的总高度达到 16~17 英尺。几分钟后,海平面才又回落到了"正常"。

我们知道,靠近岸边,我们会感觉海啸甚至更高了。平沢菅原,一位经验丰富的渔民,发觉了即将到来的海啸。他并没有向内陆跑去,而是跑到他的船前,放开船,将其驶入大海,迎向来袭的海啸。它的报告为我们提供了少有的离浅水海岸仅有几公里的海啸特写镜头之一。

> 在这一刻,我的感觉是难以形容的。我跟我的船说,你跟了我 42 年,无论我们是生是死,我们都在一起,然后我踩下油门。驶向海浪时我感觉像是在爬一座山,当我以为我已经爬上了山顶,才发现海浪变得更大了。

他认为那时有四或五道海浪,并且已到达 60 英尺高。

这海浪,在深海中是如此渺小,却是怎样在到达海岸时成为 100 英尺的怪物呢? 这一切实际上与我们在第二章回顾的质量、动量、能量守恒定律有关。

海浪从深海向海岸运动会逐渐遇到大陆架或海岸的浅水区。由于波的速度取决于水的深度,当水变浅时它们也慢下来。事实上,它们在相当短的距离内从喷气式飞机的速度减至近似步行速度(取决于海底的几何细节)。由于波速变慢,波长缩短,因此依照质量守恒和动量守恒定律,海浪升高,变为一只狂暴地摧毁沿海社区的怪物(图 6.9)。

关于海啸最让人摸不透的现象之一是它们会向上升高多少。海啸很少形成如一些电影中描绘的壮观大水壁。相反,海啸更像是高潮和低潮之间的循环,只是发生在几十分钟内,而不是像自然潮汐发生在 12 小时内。驻扎在爪哇岛安亚(Anjer)的荷兰飞行员于喀拉喀托火山爆发后做出报告:

> 巨大的波浪翻滚着,慢慢地,高度逐渐降低,强度逐渐减弱,一直到达 Anjer 后面的山坡上,然后,它的愤怒才平息了,水逐渐退去,流回大海。

2011 年东日本海啸在陆地上与城市基础设施相互作用,其特征发生了巨大变化。冒着白泡的海浪转化为携带着沿途物质的致密、冗长、缓慢的泥石流。这种流动经常使我们联想到泥泞的滑坡和泥石流(在第四章讨论过的),而不是沿着海岸线进行冲浪。当海啸在有 100 万人口的仙台镇登陆时,发生了显著的变化。海啸靠近海岸时

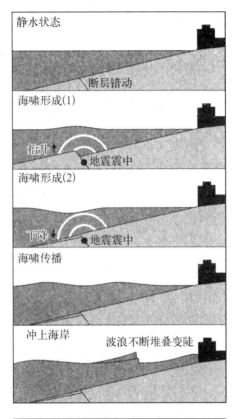

图 6.9　海啸进入近岸浅水区后高度的增加

　高度的增加是由于波的速度取决于水的深度,随着近岸的海水逐渐变浅,海啸速度也减慢[①]

从港口底部掘出淤泥,然后无情地倾泻在了仙台机场的跑道上,从直升机到客机,无论大小,都将其吞没压碎。在不到 1 英里的距离内,水汪汪的海啸完全变成了巨大而黑暗的泥石流,给机场每一处都造成了不同程度的破坏。

　海啸不只冲击海岸线。它们沿任何低洼通道向内陆进发——尤其是流向海洋的河口和河流。东日本海啸期间,一些城市中流向海洋的河水受到

---

① http://web. mit. edu/12. 000/www/m2009/teams/5/research. html.

海啸的作用,流向相反的方向。它举起港内的船舶让船舶以慢动作芭蕾一般互相投掷(图 6.10)。船被随机地推向内陆,有时会被推到桥下,桥上是穿行的人、车,桥下是翻腾的水。在停车场、汽车制造厂和航运码头,成千上万的汽车被扫在一起,形成一副令人毛骨悚然的场景,就像海洋上的浮木,只不过这里被汽车和城市碎片所取代。仅仅日产尼桑汽车公司就宣布其 2 300 辆汽车遭到海啸损毁。汽车、浮动的建筑和粉碎的建筑物碎片缓慢地越过高速公路和田野。燃烧着的建筑物漂浮在这些流垫上,下面的是水汪汪的传送带。炼油厂或化工厂爆炸成火球。当海啸遇到沿海城市时,它会分流为单独的个体流,这些水流淹没城市道路,破坏基础设施,剥夺成千上万受害者的生命。最后,有 27 000 多人丧生,超过 100 万间房屋被毁。然而,由于公众及其相关领导们都没有规划、实践和纪律性,所以导致的最后损失可能更大。但无论是在这场可怕灾难发生之前或是灾难发生期间,他们的行动和不可思议的恢复力量,都是世界其他国家的楷模。

图 6.10　日本岩手县大槌町一艘被海啸冲到二层楼顶的渡轮

路透社花井彻(Toru Hanai)图像,编号 RTR2LBJ9

7. 反思：何时、何地？不能有"如果"！

尽管超级海啸会通过滑坡、火山爆发产生，但只有地震所产生的海啸是我们最直接的威胁。这只是时间和地点的问题。地质学家为预测时间和地点的任务带来了各种各样的工具——地质背景和地震形成知识，对地壳形变的测量和对历史海啸与沉积物的分析。这种方法中有两个例子能够说明我们目前的认知状况——之一是一篇发表于 2001 年的分析报告，警告人们再次发生类似 2011 年东日本大地震和海啸事件的概率很高，之二是发表于 2007 年的分析报告，预测了地震和海啸，但那时我们仍然在缅甸外海（前缅甸）等待着。

公元 869 年 7 月 13 日，上节中所描述的仙台地区遭受了海啸袭击。这天之所以被记载得如此准确，是因为日本历史记录被保存得非常完好。历史的这些记载，为地质学家试图解开由海啸风暴和巨浪造成的砂矿床之谜提供了巨大帮助。这场海啸现在因当时的天皇而命名为"贞观海啸"，淹没了广阔的地区并且将沙从沿海卷到了 2.5 英里的内陆。对当时状况进行重塑表明，这是由一场 8.3 级地震引起的海啸。通过研究矿床和地质背景，科学家推断出了地震的位置，并估计了大小，构建了地震中断层运动的模型。已有的海啸模型表明，高度达到 25 英尺及以上的海浪就会造成极度内涝和大面积淤沙。他们进一步指出，该地区发现了两种类似的沉积物——一类可追溯到公元前 140 年到公元 150 年之间，另一类可追溯到公元前 910～前 670 年。大约在 800～1 100 年间发生了三次海啸，科学家观察得出："自贞观海啸过去已有 1 100 年，由于发生的时间间隔，一次大海啸袭击仙台平原的可能性很高。我们的数值结果表明，类似于贞观那样的海啸会淹没沿海内陆平原约 2.5～3 公里。"10 年后，东日本海啸出现了。

苏门答腊-安达曼地震和 2004 年的海啸也至少有一个相对的历史时间，1762 年 4 月 2 日，缅甸孟加拉湾北部沿岸发生地震。这个地区位于印度东边，靠近加尔各答，处在孟加拉北部和缅甸西部。此处地质情况极为复杂，但构造背景与其他产生海啸地震的俯冲带类似。或许最重要的是，在地壳中的应力和形变观测表明,这里的断层是锁定的并积累着应力。

1841 年,英国人霍尔斯特德(E. Halsted)船长做了一项有关这方面的调查探险,记录清楚地表明,缅甸附近的海岸有 10～23 英尺的隆起。从当地人口中传唱的故事得知,由于海岸隆起,他们的捕鱼活动发生了改变,这都可能发生在 1762 年。计算机模拟重构地震的情况表明,未来将有一次大海啸再次穿过该区域。吉大港是孟加拉国拥有 600 万人口的第二大城市,它正坐落在断层上。有超过 600 万人生活在海拔 33 英尺内的恒河布拉马普特拉河三角洲。如果有一小部分人口易受地震和海啸影响,那么作者认为有上百万的生命都处于风险中。这一地区的大地震往往约每 500 年发生一次。自 1762 年大地震已过去了 250 年,它可能是下一个"1762 大地震循环"之前的 250 年,但距较小仍致命的地震的发生时间可能并没有那么长。

这些案例研究有积极的一面,它们表明,我们知道了很多关于地震和海啸的知识,而且我们知道如何去研究它们。另一方面,预测这样的不确定性的大事件也受到它们直接作用的限制。我们在第三章的反思中运用概率论和统计学的知识讨论过类似的问题。

这些海啸无法避免,但可以确定,即便对海啸发生地点和时间的预测有很大的不确定性,有了事先预测,就可以避免成千上万人的死亡。监控系统的开发和部署以检测海啸的产生,跟进它们在海洋中的状况,结合快速预警系统、公共意识、合理的土地利用、适宜的施工方式和灾难演习,可以大大减少该地区未来生命的损失。

第七章　超级巨浪,暴风雨天气

1. 哎呀,我的直升机飞得太低啦!

海啸,尽管只有在陆地才极具破坏性,但相比漫步于海洋中怪兽般的"滔天巨浪"则要小很多(图 7.1)。没有比号称"世界最惊险帆船锦标赛场地"的澳大利亚近海海域更有名的了。在 1998 年 12 月 27 日周末,著名的悉尼霍巴特大型帆船竞赛上,选手们遇到持续了 10 小时的风暴,导致 6 人死亡,5 条船失踪,2 艘船沉没。115 艘赛船从悉尼出发进行比赛,只有 44 艘到达了霍巴特。在这次救援行动中——同时也是澳大利亚史上最大型的一次海上救援行动——一位澳大利亚驾驶员驾驶直升机悬停于海面上 100 英尺,看见一道巨大的波浪接近了,他尽可能地爬升到了 150 英尺的高度,他说,当时高度表显示,他仅仅距离波浪 10 英尺。浪高 140 英尺,这是实际测量到的最大的一道畸形浪。

与海啸类似,畸形浪(rogue wave)也是海洋表面一种状态变化的表现,但这和海啸完全不同。为探讨畸形浪和海啸的不同,我们的实地考察旅行将带我们到达北纬 30 度和南纬 60 度的中纬度地区,从海洋-大气系统动力学的角度来看看为什么畸形浪可以在这片海域形成。

照片资料(图 7.2)和科学数据记载的单体畸形浪稀少,但有关其威力的物理证据确实存在(图 7.3)。在 1861 年,一道波浪击打在了英国的一座 85 英尺高的灯塔的悬崖上,图中显示,该波浪有 215 英尺高。直到本书出版,也没有目击者或仪器记录下与之高度相近的波浪。

图 7.1　日本葛饰北斋的神奈川巨浪浮世绘

这画通常被解释为海啸,实际上是一道袭击了日本东京以南神奈川县的巨浪,此海域是因黑潮而出名的危险航行水域

图 7.2　1979 年在白令海,一个大浪迎头袭击了 NOAA 发现号船

照片由 NOAA 的贝恩(R. Behn)船长拍摄

图 7.3　一个怪物波吞没了一座灯塔,地点不明
NOAA 的国家气象服务局资料,水手的气象日志

　　畸形浪又被称为"怪物波""怪胎波"或"疯狗浪",它们会单独以孤立的巨大波浪的形式出现,或几个大波浪为一组出现。很多水手都对畸形浪的出现存有疑问,特别是关于畸形浪的大小。2009 年,记录到的畸形浪只有数百个,我们在本章作过一些研究之后,可以验证只有几张照片较好。近几十年来,只有浮标和钻井平台上的装置提供了坚实的证据,表明这些波确实存在,并且确实很巨大,虽然在浩瀚的海洋中很少观察到它们,但它们足以构成巨大的威胁。

　　在一些大型的内陆水域也会出现畸形浪,比如五大湖。秋季,包括狂风在内,五大湖周边的暴风雨天气被称作"11 月的女巫"。暴风雨的强度可与 1~2

级的飓风相当。2010 年 10 月,一场暴风雨袭击了明尼苏达州的德卢斯,伴随
以 81 英里/小时的大风和 19 英尺高的波浪。1913 年,一场 11 月的暴风雨,一
般被称为"白飓风",袭击了五大湖,将五大湖里四座湖中的船只都掀翻了,造
成超过 250 人丧生,摧毁了 19 艘船只,财产损失约 1 亿美元(按 2010 年美元
汇率[①])。

　　1975 年 11 月,一个寒冷的夜晚,蒸汽船埃德蒙・菲茨杰拉德号满载矿石
货物航行在苏必利尔湖上,却突然间失联了。其时,一场大规模的冬季风暴正
在湖上肆虐,刮起 60 英里/小时的大风,阵风达到 90 英里/小时和高达 35 英
尺的波浪。跟随其后的第二艘蒸汽船亚瑟・安德森号船长,在"强大的菲茨"
(埃德蒙・菲茨杰拉德号)附近,提供了一条导致她倾覆的线索。在船上,他看
见了两道怪兽波。第一次打在船尾,沿着甲板前进,导致引擎沉没到海里。根
据船长的记录,"随后安德森号只是收起了所有帆,像狗狗一样甩掉了身上的
水。第二次与之前一样,还要更大一些,冲向我们。我看着湖中这两道波朝着
菲茨杰拉德号而去,肯定就是它们把菲茨杰拉德号击沉的"。船只及船上 29 名
船员沉入湖底,"强大的菲茨"成为在五大湖中消失的最大船只。这一事件被记
录在戈登・莱特福特的歌曲《埃德蒙・菲茨杰拉德号的残骸》中——这是他第二
首脍炙人口的歌曲,在加拿大得到过第一名的宝座,在美国也得到过第二名。

　　一次与畸形浪相关的详细记载,发生在二战期间的北大西洋上,载有
16 082 名美国士兵的英国皇家海军陆战队玛丽皇后号,跨越大西洋前往欧洲
战场(同时也是历史上负载人数最大的船只)。在距离苏格兰海岸 700 英里处
遭遇大风,一道高达 90 英尺的畸形浪撞击在船上,致使船身倾斜 52 度,而仅
仅只差 3 度便会导致其倾覆。

　　虽然公众很少听到波涛导致船只沉没的新闻,与畸形浪相关的事故一年
也只有几次。2010 年报纸头条争相报道了两人死于一组"异常波"的新闻,这
三道波浪均超过 26 英尺高,在西班牙海岸附近击沉了希腊邮轮路易斯君王

---

① 五大湖为美国与加拿大交界处的湖泊群,此处损失的还有加拿大船只,因此需计算加元对美元的
　汇率。——译者注

号,此船载有 2 000 名乘客。在同一年,另一个舆论高度关注的事件是 16 岁的桑德兰(A. Sunderland)从卡波圣卢卡斯港出发,试图成为最年轻的独自驾帆船环游世界的第一人。在出发后,她在 4 个月内航行了 12 000 海里,最终,她的美梦终结在印度洋——在澳大利亚以西约 2 000 英里,"一道很长很长的波浪"击中了她的小船,使其反转了 360°,摧毁了桅杆,使她没有办法控制左右。

　　尽管公众清楚地知道我们为什么要监测并模拟海啸,但对同样原因的畸形浪来说却不以为然。海啸直接且明显地会对人们和当地的基础设施造成巨大影响,但除了水手和海洋旅游业,畸形浪几乎完全处于人们的视线与考虑之外。然而,它们同时威胁到三个非常昂贵的行业:航运、渔业、油气采集。航运包括许多超大型油轮,它们从盛产石油的波斯湾国家出发,航行在南非这片更危险的海域。最为坚固的船只也只能抵挡 33~50 英尺高的波浪,远低于许多畸形浪的高度。油气采集通常在风雨交加的大西洋和北海海域的钻井平台上作业。

　　1890 年至今,英国劳氏船级社①一直在建立并完善着一套船只事故及发生位置的数据库,向研究人员提供关于出事船只的有用信息。1910 年,船只失踪率为 1/100,但到了 2010 年,由于船只结构与航海设备技术的不断提升,将船只失踪率降到了 1/670。尽管大多数事故都发生在近海海域,但也有相当一部分发生在纬度 0°~60° 的大西洋开阔海域,部分原因可能是船只的航线大多集中在这片海域。1992~2003 年的 11 年间,世界总船只数量为 40 000 艘,其中由于各种原因导致失踪的商用船只数量便达到了 1 049 艘,平均每年失踪 100 艘船只。这个数字是如此惊人,大约每隔几个星期就有一艘散装货船或油轮失踪。研究发现遭受破坏(直接沉没、战争、设备失灵等)是主要原因,事故率为 30.9%。天气和海浪也可能是元凶。

　　如何分辨畸形浪与单纯的"大"波浪? 是什么力量驱使着水体陷入疯狂以致形成畸形浪? 这些波的形成机制又与海啸有何不同? 它们出现在哪,又是为什么? 在解决这些问题之前,我们需要知道一些关于风动波中的水动力学

---

① 船级社又称验船协会,是一个建立、维护船舶和离岸设施的建造和操作的相关技术标准的机构,通常为民间组织。——译者注

与我们在上一章讨论的海啸动力学之间的区别。

2. 引论：风动波

风动波也属于"深水波"，即上一章斯托克斯所提到的，如图 6.5 所示。这些波浪的水深均超过半波长。那么这类波在水面传播时会发生什么效应？

在 20 世纪 50 年代，从闭塞的宾夕法尼亚西北内陆到新泽西海岸去休假可是一件大事，每次我都想弄明白这件事。游到大海，我会转身面对岸边，踩着水波我上下浮动着，不停地在海边摇摆。就像有支铅笔从耳朵里蹦出来，画着圆圈，到达圆的顶部——出现一个波峰，将我托起朝岸边推去；到达圆的底部时，波谷过去，把我拉下来，远离岸边。圆的直径约为海浪的高度，就是波峰到波谷的距离。事后，我发现一个在风动波中粒子运动的基本特征：波浪拍打海岸，消失，而我，以及海浪中的水，只是绕着一个固定点转圈（图 6.5）。

冲浪者在岸边享受着冲浪，我则通过观察发现了这些受波浪驱动的水，其运动随着深度增加而急剧下降（严格地说，它与下降深度呈指数关系）。如果一道不祥的大浪朝我们打过来，或者当我们夹在冲浪区时，我们知道，只需下潜几码到达水体平静的深度即可让波浪安然无恙地过去，我们就安全了。现在让我们在某个典型的普通海岸边考虑这样的波浪：它们的间隔（波长）一般为几十英尺到（最多）几百英尺。海洋中风动波的波长一般小于 500 英尺，因此，当海面波涛汹涌、海水来回激荡时，海面下几百英尺深的水体却是平静的。

风动波与海啸在动力学层面上是根本不同的。而海啸和浅水波一样，传播速度与海洋深度相关；相反，深水波的传播速度则取决于它们的波长（或周期）。要理解这个概念，我们须先承认这是由于深水波不会影响洋面下大约其半波长的水体导致的，无论海洋多深，它们都不受海底的影响。所以，它们的速度与水深无关。

长波深水波的传播速度比短波深水波更快。这种波速与波长相关的性质，会极度影响海洋对风暴系统的响应。海上风暴会产生许多不同波长的海浪。那些波长最长的海浪传播最快，所以它们比波长较短的海更快地远离风暴区域。不同波长的海浪各自沿不同的路径传播,这个现象被称为"分散"(dispersion)。冲浪者非常了解这一现象:在长波海浪到来时冲浪,简直是完美,但有时这种长波海浪则是提前到来的由风暴产生的汹涌海浪。

3. 畸形浪与单纯大海浪的区别

20 世纪 90 年代以来,随着人们在海洋中部署了越来越多的监测仪器,接近或大于 100 英尺高的海浪不断地得到记录。1991 年万圣节,在北大西洋的一场风暴中,巨大的海浪达到了 39 英尺,这些数据来自科德角以东的一个浮标。加拿大新斯科舍海岸曾出现过高达 100.7 英尺的海浪。安德烈·盖尔号渔船在这些海浪中努力挣扎,最终很可能是在这畸形浪中沉没的,成为了塞巴斯蒂安(Sebastian)所著的《完美风暴》一书的素材和 2000 年华纳公司的热卖电影。

在 1995 年的新年里,一个向下的激光测量设备安装在一个钻井平台上,在北海捕捉到了一次巨大波浪的信息,该波浪现在以该钻井平台而命名为"德罗普尼尔波"(Draupner wave,亦称"新年波")(图 7.4)。在大多数时间里,该

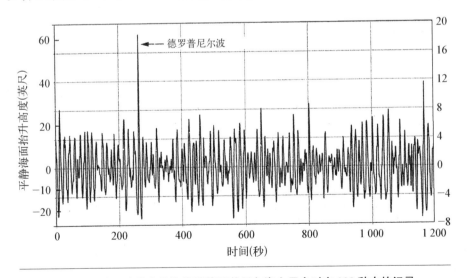

图 7.4　畸形浪袭击北海海域德罗普尼尔海上平台时在 280 秒内的记录

数据由挪威国家石油公司哈弗(S. Haver)提供

平台周边海域随着波峰和波谷的经过而不断上升下降约 10 英尺。但在这一天,这道巨型波浪的有效波高为 36～40 英尺。根据当时的模型,由这些条件得到波峰至波谷的最大高度"只有"66 英尺,但在激光下经过的波浪高度达到了 86 英尺。这种海面条件中,出现如此高度波浪的概率约为 1%——从统计学的角度来看,这种波浪是百年一遇的。德罗普尼尔波是真正的畸形浪。

畸形浪有几个特点用以区分更普遍和较小的海浪。其一,通过德罗普尼尔波所示,是波谷的深度和波峰的高度不匹配。波峰是 60 英尺高,但另一侧的波谷只有 26 英尺深。波的形状也是不同的:畸形浪波面的陡峭程度是小型波的 2～3 倍,使得当它们到来时几乎是一面垂直的水墙。船长沃里克(R. Warwick)说到,当 1995 年伊丽莎白女王 2 号在北大西洋飓风中与一道 96 英尺高的海浪相撞时,就好像船正在"直奔多佛白崖"①。

2000 年,欧洲航天局(the European Space Agency, ESA)启动了MaxWave 项目,旨在努力量化畸形浪的频率和大小。这方面的努力开始仅 1 年后,两艘大型游轮,不来梅号和苏格兰之星号,遭遇了至少 100 英尺高的畸形浪袭击。在这 3 周的时间里,卫星发现了 10 道超过 80 英尺的波浪,并收集了 100 万份大洋中超过 100 英尺高海浪的统计图像。后来,通过对这些图像的分析得知,其中大部分通常都发生在北大西洋、北太平洋、太平洋西南的澳大利亚及好望角附近。另一项独立研究表明,沿北大西洋主要运输路线的船只遇到超过 36 英尺高海浪的可能性是平均每天约 1%(图 7.5)。

4. 环流

为什么畸形浪只出现在世界的某些区域呢? 在南半球,畸形浪几乎出现在 40°～60°的整条纬度带上,使得处于这个纬度区间的南大西洋和南太平洋的海域成了危险航道(图 7.5)。它们出现在北太平洋大约相同的纬度上,但它们出现的范围更远,一直延伸至大西洋的北段,大约从北卡罗来纳州直到格陵

---

① 多佛白崖是形成英格兰众多海岸线悬崖的一部分,毗邻多佛海峡,与法国加莱隔海相望。——译者注

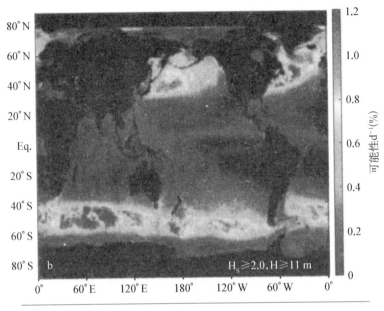

图7.5　全球24小时内畸形浪可能性分布洋图

畸形浪定义为浪高达到正常波高的2倍且浪高超过36英尺的波浪。
色标表示出现畸形浪的可能性，以百分比表示，例如，最暗的颜色表示
可能性为1.2%。在这个黑白图中，最为危险的区域是明亮阴影中的
深灰色部分，在两半球中形成了两个明显的条带[1]

兰岛和冰岛海域。在北半球，众多的大陆阻断了海洋环流，因此畸形浪的出现
区域受到影响。为了理解畸形浪出现的区域如此固定的原因，我们需要深入
探究全球大气圈和水圈的循环模式；或者说，我们将涉足气象学和海洋学方面
的知识。涉猎这些知识不仅关乎本章的畸形浪，而且与之后几章中对天气、洪
水、干旱的研究有关。

　　自哥伦布(Columbus)15世纪探索新航线以来，人们已经知道，在南北半
球0°～30°纬度带上的海面风总是来自海洋以东或东北方向。这些风被称为
"信风"(trade winds)或人们熟知的"东风带"和"东北风带"。来自于30°～60°
中纬度地区，以及来自西部或西南部的海面风被称为"西风"或"西南风"。而

---

① Baschek B, Imai J. Rogue Wave Observations off the US West Coast[J]. Oceanography, 2011, 24
(2)：158 - 165.

在 60°～90° 的北极圈地区,海面风似乎都来自东北地区,被称为"极地东风带"。在南半球也有类似的模式,但这儿的极地风由于南极洲大陆的存在而非常复杂。

风带和洋流的形成是由于整个地球表面得到太阳能的比率不均匀导致的——18 世纪人们承认并将这个事实纳入了信风的成因解释中。赤道地区接收到的太阳能最多,两极最少。热量从温暖地区流向寒冷地区,即从赤道流向两极。大气和海洋共同作用使热量远离赤道。地球上的这种热传递造风系统,反过来又作用于洋中近海面环流系统。最终,这些过程综合起来,决定海水如何变得狂暴,形成疯狂的畸形浪。

大气中热量运移最简单的方式是由一位英国律师和业余气象学家哈德利(G. Hadley)于 1735 年提出的(图 7.6)。在他的模型中,一个独立的"传送带"将空气从温暖的赤道地区传输到寒冷的极地地区。虽然这个比喻并不确切,

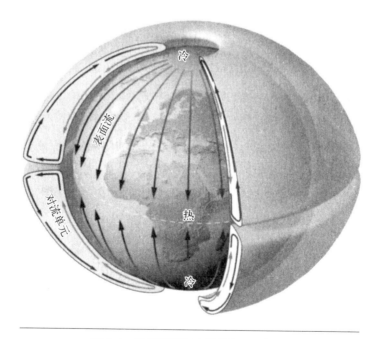

图 7.6　哈德利所提出的单圈环流模型

请注意,在与随后将讨论的"巨型烟圈"相比较,环绕地球的烟圈从赤道向两极不断减小

但请想象一个巨大而扭曲的烟圈覆盖在两半球,延伸到距地面约 10 英里的高度。从赤道地区上升的暖空气,沿着烟圈的顶部流向两极,其间慢慢冷却,接近极地地面(海面)时下沉,并沿着地面(海面)返回赤道(图 7.6)。空气的运动传递着热量,这样大的一个封闭烟圈被称为"对流环流"。这个过程类似于在烤箱"对流"环境中热量的传导方式。太阳系中金星上的大气运动有点像这种简单的单圈层对流方式,但不幸的是,这个系统对于地球而言太过简易了。

哈德利知道他的模型有问题。在模型中,热带地区的风会吹向北—南方向(图 7.6),但实际上它们不是这样的:它们有东向和西向分量的流动。哈德利试图采用动量守恒解释这种不一致性,但他没有得到很好的结果。

近 1 个世纪以来,人们对这个问题的研究进展逐渐停滞,康德(Kant)、拉普拉斯(Laplace)、达夫(Dove)和博科(Foucault)等科学家在这个问题上也进行过激烈的讨论。最后,在哈德利发表了其研究成果的 100 年后,科里奥利(G. G. Coriolis)发现了气流带南北路径出现偏移原因。而 21 年后,费雷尔(W. Ferrel)利用科里奥利的发现建立了一个大气环流模型(以一个拗口的名字发表在《纳什维尔医学与外科》期刊上)。科里奥利解决了空气的移动路径是如何受地球自转影响的,而地球自转是绕着一条通过南北极的转轴实现的。在第二章我们曾讨论过经典力的意义和守恒定律,尽管这种旋转不是严格意义上的"经典力",但对于在地球上运动的物体而产生的偏移效应通常被称为"科里奥利力"。

考虑风带与科里奥利效应之间的方法之一是将风带看作河流,这条河则相当于一个沿着南北向轴线(经线)、从一个地方被抛到另一个地方的棒球。举个例子,把来自北极的风沿着经线向赤道吹去。而这条空气河穿越半个地球的时候,地球是逆时针转动的,而不是停留于它出发时的那条经线,河中的"棒球"由于地球自转而向其右边偏移。在南半球,它会朝向自己的左边偏移。

下面我们用另一个思维实验来说明科里奥利效应:想象一下,一枚老式唱片机的转盘上,在卡纸板"录音"装置上放一把尺子。再在这个卡纸板装置上用尺子画一条线。如果唱片机转盘不旋转,你会从这个录音装置的中心到边缘画一条直线,而旁观者,无论是从录音装置上还是在天边都会看到同样的东西。但是,如果转盘在慢慢地转动,卡纸上的直线将会扭曲。即使是用一把尺子画出的两条直线,转盘是否旋转也会让它们变得不同。这个思维实验中,直线模拟的是地球不进行自转情况下的风带;曲线模拟的是自转情况下风带的弯曲方式。

后来,费雷尔在科里奥利工作的基础上建立并提出了热量运移理论:热量从赤道向两极传递时是逐步的而非一次性完成,地球环流主要分为三部分,粗略地分为 0°~30°、30°~60° 和 60°~90°(图 7.7)。这些纬度带差异巨大,主

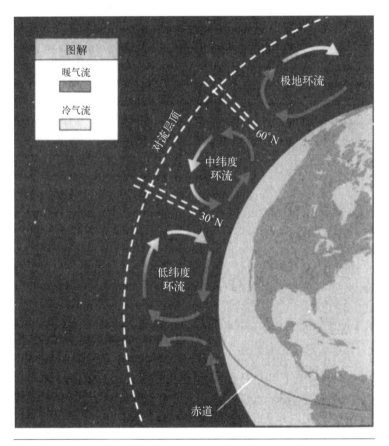

图解

暖气流

冷气流

极地环流

对流层顶

60°N

中纬度
环流

30°N

低纬度
环流

赤道

图 7.7 费雷尔的地球大气环流模型
请注意,该图径向被大幅放大①

---

① 引自 http://science. howstuffworks. com/nature/climate-weather/atmospheric/weather5. htm,有
修改。

要取决于一年四季的变化及太阳发射能量的多少(事实上太阳所发射电磁波的能量密度并不是固定的。)每个环流带都被垂向地挤压了,在地球上方约 10 英里。从赤道到两极,这些环流分别被称为低纬度环流、中纬度环流和极地环流。

就天气来说,环流圈之间的边界是这个星球上最有趣的地方。赤道地表的热空气上升到两个低纬度环流圈,产生极低压条件,盛行风是平静的,天空可在很长一段时间内都阳光普照,抑或阴雨连绵。这被称为"热带辐合带(Intertropical Convergence Zone,ITCZ)",这个区域叫赤道无风带,抑或如柯尔律治(S. Coleridge)在《古舟子咏》所描述的:

> 正午的血色之阳,
> 高悬于灼热的铜色天穹,
> 日光直射在桅杆的尖顶,
> 如月亮一般。
> 日复一日,天复一天,
> 我们凝滞在海中,凝固了呼吸,
> 如画中船,
> 停在画中海。

这些极低压条件偶尔会被猛烈的风暴干扰,这些风暴通常来自非洲海岸(图 7.8)和南美洲海岸。

一旦温暖的空气到达低纬度环流顶部,它将远离赤道,开始冷却,并最终下沉到南北纬 30°的地面,并从那儿返回赤道。在紧邻低纬度环流的中纬度环流底部,空气大致向南北纬 60°移动,在那里上升后沿着环流圈顶部返回赤道。当返回到南北纬 30°时,会与哈德利空气团一同下降。在南北半球低纬度与中纬度环流圈之间的边界是众所周知的"副热带无风带"(horse latitude),这一区域由于高压气团的存在而很少降雨,但拥有晴朗的天空和多变的风。在北半球,副热带无风带典型的标志是撒哈拉沙漠和美国西南部与墨西哥北部的沙漠;在南半球,则是喀拉哈里沙漠和澳大利亚沙漠(图 7.9)。

图 7.8　地球红外图像,始于南美洲北部,向西延伸到太平洋的近赤道云带勾勒出了赤道无风带——两低纬度环流圈在赤道的边界

　　在高纬地区,可见大西洋残余的热带风暴克劳德特袭击美国东南部的景象(最右边),以及热带低气压安娜从波多黎各退去,飓风比尔从大西洋中部接近。NASA GOES-14(地球静止轨道环境卫星 14 号)观测图像,2009 年 8 月 19 日

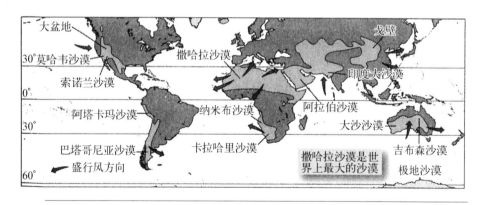

图 7.9　世界沙漠分布图
请注意沙漠的分布,大致沿南北赤道 30°分布在低纬度和中纬度环流圈的边界①

①　Marshak S. Earth: Portrait of a Planet[M]. New York: W. W. Norton, 2012.

第三个边界,在中纬度环流圈和极地环流圈之间,被称为"极地锋面"(polar front),在北半球我们对此非常了解。夏季的极地锋面在高纬度地区"闲逛",但在冬季它便"下潜"到美国南部的中纬度地区。它标记了高空急流的位置。此处的极地冷空气沿地面向南方旅行的途中只是稍微温暖了点,便随着相邻的中纬度环流圈中的空气一同上升,产生低压条件,其特点便是持续不断的阴天。你有没有注意到一些以阴天而招人诟病的城市的纬度? 赫尔辛基(60°),柏林(52°),伦敦(50°),莫斯科(55°),斯德哥尔摩(59°),温哥华(49°),西雅图(47°),雷克雅未克(64°),圣彼得堡(59°),这些城市不仅仅是处于"高纬度";它们是处在中纬度环流圈和北极环流圈之间。

5. 中纬度环流与旋转的陀螺

在低纬度、中纬度和极地环流圈中,在某个面中,空气从暖(低纬度)到冷(高纬度)的温度变化称为"温度梯度"。低纬度环流圈中的温度梯度特别小:一位旅行者从南到北旅行时会穿过北半球的低纬度环流圈,而他所经历的天气变化只会出现在热带到亚热带。跨越极地环流圈时,只出现极地到副极地的气候变化。中纬度环流圈的温度梯度则要大得多:一名游客穿越北半球的中纬度环流圈时,会从温暖湿润的新奥尔良几乎径直地进入严寒的北极圈。

大气对流通过运移周围的热、冷空气而降低温度梯度。在中纬度环流带,利用较高的温度梯度输送热空气,在各自的环流圈中产生了独特的天气模式,包括巨大的气旋、反气旋、飓风、中纬度台风等。对于这些天气系统的成因,我喜欢将它们想象成是有人用一个巨大的勺子搅拌着中纬度环流圈。每一勺都指向地面,其柄朝上穿越大气层 10 或 20 英里。每隔一段时间(视季节而定),会快速地搅拌几下。这样的搅拌就像在中纬度环流圈内鞭打一群陀螺一样使其运动。陀螺上部的形状像是漩涡,直径范围可达 600 英里。正如一些机械装置中滚珠轴承的润滑运动,旋涡会润滑大气中的传热作用;这些旋涡皆是大尺度的天气系统。

大西洋飓风大多发生在 8 月和 10 月,这并不是巧合,因为墨西哥湾依旧温暖的海水与大西洋西部侵蚀加拿大的冰冷空气形成了强烈的反差。包括1991 年发生的"无名风暴"(《完美风暴》的书名和电影名)和 2012 年在 10 月下旬发生的飓风桑迪。

将前几页的概念组合成一个图解却带给我们一张在本书中更为复杂的图片。图 7.10 总结了整个地球上主要风带的特征:在各自半球的三圈环流中,海面风受科里奥利效应而偏转,其南北方向上,若是在无自转的星球上只会将热量从赤道运移到两极;在环流圈边界,使其中空气上浮或下沉,而分别达到低压或高压条件。现在比较图 7.10 和图 7.5,可发现畸形浪发生的主要地点,那么想一想:"畸形浪在哪里最常见?"答案当然是中纬度环流圈。

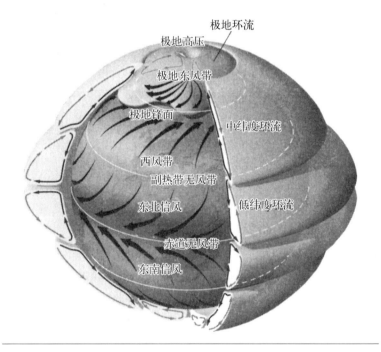

图 7.10　根据地球上三圈环流模型而建立的一般大气环流模型,图上给出了地表附近和环流断面上平流层与对流层边界处的风向[1]

[1]　Marshak S. Earth: Portrait of a Planet[M]. New York: W. W. Norton, 2012.

6. 海洋环流和洋流

地球上大陆的存在使得仅通过三圈环流模型来预测风带特征显得更为复杂[图7.11(a)]。特别是南北半球高压核心处的空气循环模式在海洋上是不断发展的。反过来,风力带动近海面水体产生大小不一的洋流和波浪,包括畸形浪。

最引人注目的是海洋中的巨大河流——表层洋流,其向下延伸到1 000～3 000英尺深的水域。这些洋流大致是一种闭合的环流,被称为"环流"①(gyres,像转动的汽车轮胎)。海洋中主要有五条环流:分别在北太平洋、北大西洋、南太平洋、南大西洋和印度洋[图7.11(b)]。北半球环流为顺时针环流;而南半球为逆时针。环流的旋转方式可非常粗略地看作与风带相似[比较图7.11(a)和(b)],但由于水比空气重很多,其受到科里奥利效应的影响是非常慢的。结果,水受科里奥利效应的影响与风相比偏差高达45度。

海面洋流受到大陆的剧烈影响,且如果你将洋流的流动模式想象为一个矩形,那么这些主要影响会更明显。比如北大西洋环流,在纬度30°～60°的西风带推动海水向东流动,形成北大西洋洋流或北大西洋漂流(图7.11)。近赤道东北信风带动海水向西流动,形成了北赤道洋流。这两条东西向的洋流是由另外两条南北向的洋流所连接:墨西哥湾暖流沿着北美洲海岸向北流动,加那利洋流在北大西洋东侧向南流动。

再来看看印度洋环流。印度洋大部分处于南半球。东南信风推动海水向西流动,形成南赤道洋流。在对面,西风带推动海水向东流动,形成南印度洋流。该环流在南半球逆时针流动,与向北流动的西澳大利亚洋流,以及沿着非洲海岸向南流动的莫桑比克洋流和厄加勒斯洋流组成完整的环流。

大部分畸形浪形成于这些大型洋流中(比较图7.5和图7.11)。在大西洋北部它们时常发生在墨西哥湾洋流周边(包括臭名昭著的百慕大三角),以及

---

① 注意与大气中"环流"的区别。

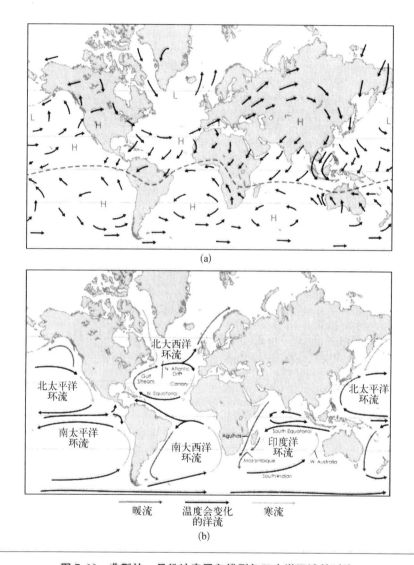

(a)

(b)

图 7.11　典型的一月份地表风向模型与五大洋环流的对比

（a）典型的一月份地表风向模型［H 和 L 分别表示高压（H）和低压（L），箭头标示风的旋转模式，引自美国大学大气研究联盟（UCAR）（网址 http://meted. ucar. edu）的 COMET ® 网站，UCAR 通过合作协议获得了 NOAA（美国国家海洋和大气管理局）和 DOC（美国商务部）部分资助。图像版权归 UCAR 所有（1997～2013）］；（b）五大洋环流①

---

① Pidwirn M. Surface and Subsurface Ocean Currents: Ocean Current Map. Fundamentals of Physical Geography, 2nd edition（2006），见 http://www. physicalgeography. net/fundamentals/8q_1. html，有修改。

在东格陵兰洋流和挪威洋流也时有出现。在北太平洋,它们发生在黑潮洋流周边;在南太平洋,则多发生在南非东部海岸和尖嘴附近的厄加勒斯和莫桑比克洋流。

7. 故事的其余部分

虽然这些风带和水流运动的广泛形式决定了大型波浪出现的区域,但其他因素也会产生畸形浪。畸形浪的特别之处在于,它是由几个过程同时作用而产生的,包括受到风的影响而搅动的海水,而这些风却很可能来自远离畸形浪发生地的飓风和暴风雨;沿着大陆架,从深海到浅海不断积蓄能量的波浪;相向运动的高强度海浪之间的相互影响,如风暴波与强大的洋流或强烈的逆风之间的相互作用;以及随机波浪的相长干涉(波高的增加,与相消干涉相反)。让我们简单地理解一下这些过程。

想象一下,在安静没有风浪的大海上,因无风而停滞的古代舟子。这时起风了,空气很快变得动荡不安,狂风阵阵;即存在着以不同速度和方向移动的涡流和气阱——在秋季,当风卷起地上的落叶时容易观察到这种效应。空气的涡流和气阱在海的表面产生波动的压力而形成小型波浪——呃,波长只有几英寸。这些小波浪划破原本光滑的海面,产生小小的突起,打个比喻,这个过程会借由风力推动产生更大的波浪;也就是小波浪慢慢长大,并相互作用,大波浪渐渐吞噬小波浪的过程。

海浪——特别是畸形浪——并不会在起风时就立即形成。相反,在海浪完全形成之前,风必须跨越很长一段开阔水域并运动相当长的一段时间。例如,北大西洋中以 45 英里/小时大范围吹动的风需要几天的时间才能完全发展成巨浪。

第二个过程——浅海波浪的累积,或者叫"浅水作用"——与海啸到达近海海域的动力机制相似(我们在第六章讨论过),所以我在此不再赘述,但也要指出:沿着大陆架附近是船只事故高度频发的区域,这里海水向着海岸越来越浅,浅水作用在这些事故中扮演着重要角色。

　　第三个过程——相向运动波浪之间的相互影响——能够很好解释南非东部沿岸的船只事故,厄加勒斯洋流中的波浪可高达 100 英尺,使得很多船只在此沉没。该区域的畸形浪曾造成多艘船只遇难,如 1909 年,长约 456 英尺的"瓦拉塔号"客船;1968 年,长约 736 英尺的"世界荣耀号"油轮;和 1973 年处女航的"海神蓝宝石号"货船。自 1990 年以来,至少有 20 艘船只被厄加勒斯洋流中的畸形浪击中。有趣的是,早年的阿拉伯水手总是避免在该区域航行,因为他们知道此处会有危险。同时也很可能是因为如此,我们所知道的那位葡萄牙航海家并不是阿拉伯人,迪亚斯(B. Dias)于 1488 年成为第一位远航至好望角的航海家。

　　该海域位于南纬 40°~60°,与北半球同纬度的条件不同,这里没有大陆阻挡,所以海风可以在这广袤的海域上前行,这给风和洋流产生畸形浪创造了完美的条件。在冬季(6~8 月)强大的低压系统在接近南极的上空开始发育。随着这些风暴向东北移动,它们被来自东北方向的风超过——换句话说,向着同一方向的风在厄加勒斯洋流上吹动。风推动洋流,使其加速流动。然而,在风暴过后,这些风转而吹向相反的方向。这些西南风强烈到能创造 20~40 英尺高的海浪,即便没有厄加勒斯洋流。但当这些波遇到同样强大却相向运动的洋流,二者几乎会瞬间停止,波浪陡然增高,很有可能发展成为畸形浪。

　　以上情况中的第四种,在厄加勒斯洋流中有助于形成大型波浪的过程——相长干涉,即波浪相互融合以增加高度。相长干涉产生巨大的海浪,但它们往往很短命。这种效应在近海岸尤其明显,大陆以一种很复杂的方式将海浪反射回海中。这些海浪形成与消失的短暂时间,已经使得它们对航运业的危险性日益增加,且很难获取资料进行科学分析。

　　2007 年,该海域有近 35 000 艘商业船只,吨位总计超过 1 000 万吨,以及 3 000 万渔民使用的超过 400 万艘大小渔船。对于这些船只、油气钻井平台甚至是本章开头所说那些必须贴近海面飞行的救生直升机,海洋中的畸形浪和其他大型水体运动都是非常危险的。当我们向海洋攫取日益增加的食物和资源时,越来越多的人和珍贵设备将暴露在海洋风暴和畸形浪的风险之中。

8. 反思：畸形浪、光纤和超流氦

　　尽管由于科技的进步，船舶和海洋钻井平台的损失在过去的一个世纪有所减少，但损失率依然很高。过去的几十年中，气象监测和预报技术的进步，极大地提高了船舶业对于获取有用航运信息的能力。然而，畸形浪在空间和时间上都很稀有，这使得科学家难以研究它们的特性，建立动力学模型，在真实的畸形浪环境下测试模型。

　　由于畸形浪的出现概率极低，对它们的动力学解释有两方面特别困难——普通特征，如波浪的形状和统计特征，如它们在任意特定海洋扰动条件下发生的频率。求解描述这些现象的方程对大多数科学家来说都是艰巨的，利用畸形浪的海洋学数据从这些方程中得到结论，再验证这些结论的机会很少。

　　在第三章的反思部分，我们看到科学家们是如何试图将他们对地震概念的基本理解与概率统计工具相结合来帮助预测地震危害。而在第六章，我们看到历史记录是怎样与地质资料相结合以提供可靠模型的。幸运的是，科学家在研究畸形浪时也有另一种方法——在一些有互补概念的环境中寻找类似物。如果我们能找到与畸形浪在动力学与统计学表现相似的类似物的话，那么对于这些类似物的研究，便能够补充到我们在真实环境中对畸形浪本身观测所得出的结论中去。

　　事实上，畸形浪现象可能相当普遍，它们不仅存在于海洋，而且在大气层中，在光学、等离子体、超流体、表面张力波中都有存在。在实验环境下，科学家通过特殊的光导纤维，利用激光产生具有类似性质和遵循类似方程的波。当一道具有特定且较短波长的光束穿过光学装置时，通常以该波长在较大范围内传播，但也时而会出现罕见的闪光，即产生了所谓的光学畸形波。在另一实验环境下，性质相似但不完全相同的波，可以借由超流氦产生（精确地说是 ^{4}He），氦的一种异常而复杂的状态，只在温度接近绝对零度时存在。在产生该波动的实验中，系统中的热量由波传递，类似于轮胎爆裂时的压力波。这些热波,因其与正常的声波类似,被称为"第二类声波",在特定的实验室条件下会形成尖钉状的波(畸形波)。实验室中的畸形浪,尽管在实验测试环境下很少见,但由于实验环境下,系统是小型的,因此相比海洋中产生的畸形浪还是容易获得的。

在以上海洋、光、超流氦三个系统中,科学家对畸形浪的解释与建模的努力,终于得到了方程的解集,在一阶情况下彼此是惊人的相似。由于实验室的实验环境可以通过精密仪器控制与采样,这些理论所得出的结论可在实验室进行测试,然后外推到更广阔海洋中的畸形浪中。这是一个仅出现于 21 世纪新兴的活跃研究领域。

如本文所说,大气中畸形浪是否存在,依然值得推敲。然而,毫无疑问,那出现在大气中的神秘波浪,有些会对私人和商用飞机造成严重的危险,其中一些最终可能被证明是遵循相同动力学方程的畸形浪。在下一章中,我们将探讨这种波的一些特点及其解释。

第八章 空中激流

1. 乔普林的玻璃屋与凿冰"炊事"

前面的章节中提到,风不仅在海上给人们造成困扰,引起畸形浪,在陆地上,风暴同样也会给人们造成很大的损失,例如 2005 年的卡特里娜飓风和 2012 年的桑迪飓风。没有科学家能够像钱德勒(R. Chandler)一样,在他 1938 年的短篇小说《红风》中对风做到如此细致的描述:

> 那晚,风吹在沙漠上。炎热而干燥的圣安娜风吹过山口,拂过你的秀发,你的神经开始紧张、皮肤开始瘙痒。这样的夜里,连酒会都只能在争吵中结束。温顺可爱的妻子们感受着这刻刀的锋刃,端详着她们丈夫的脖子。什么事都可能发生。你甚至会在鸡尾酒会上得到一杯满满的啤酒。

豪湾海峡(豪尔桑德海峡)是一座长 40 英里的美丽峡湾,位于加拿大温哥华的西海岸,通向乔治亚海峡。海峡的悬崖上,有一幢二层小楼,我在那度假时,曾感受过这种山口风。落地窗的玻璃很容易发出巨大的咔嗒咔嗒的撞击声,我觉得它们随时都可能会爆炸,这就是强风带来的壮观敲击听觉盛宴——通常发生在 12 月和 1 月,每次持续四五天。

在沿岸山脉的内陆,向东与豪尔桑德海峡交界的是加拿大不列颠哥伦比亚省中部的广阔高原,向西则是通往太平洋的门户——乔治亚海峡和胡安·

德富卡海峡。在冬季,来自内陆的寒冷极地气流经由山脉倾入像豪湾一样的峡湾,同时伴随着极端寒冷,以及达到 65～90 英里/小时的阵风。广袤的冷杉林中被大风吹倒的树木时常会造成严重的电力中断,这无疑使加拿大极度严寒的冬季雪上加霜。

就在我来到不列颠哥伦比亚的几年前,1989 年的 1 月末 2 月初出现了一场北极冷空气爆发,被称为"大寒"或"阿拉斯加冲击",创造了美国西北部大部分地区的气温最低纪录。流经豪湾海峡的强风刮倒树木,累及电线,导致 20 000 户家庭断电,在寒冷天气里持续了多日。还造成了一个水库结冰,导致 70 000 人得不到供水。电力和天然气供应的中断也创造了纪录。温哥华岛和大陆之间的渡轮班次也大幅减少,冰冻海浪中的大量冰块损害了船只和沿岸居民的财产安全。

从亚利桑那州南部离开之后,我就在想,"生活在这个悬崖上,除了一堵使我免受外头的风影响的玻璃墙,我自己在这生活中真正得到了些什么?"虽然我住在这幢房子里,但我竟然不知道峡湾气候的独特性。直到很久之后才发现这一点,是前人于 1939 年写下的:

> 胡安·德富卡海峡西端猛烈的东风构成了北美大陆一个显著的气象特征。事实上,把它单独归类为一种风也并不夸张。作者没有对描述相似事物的气象文献进行了解,不过在大多数地区,不太强烈但类型相同的风是很常见的。

几年之后,我搬到了伊利诺伊州中部,美国"龙卷风走廊"的心脏地带,才认识到什么是真正的大风。与不列颠哥伦比亚的居民相比,美国中西部的居民与玻璃窗户之间有着截然不同的关系,有些人使用完全没有窗户的地下掩体来躲避龙卷风。在风力强度 1～4 的范围内,我在豪湾海峡感受的风只有微不足道的 1 级,风速为 130 英里/小时。而龙卷风地带的风可达到 4 级,风速可达 250 英里/小时。

2011 年 5 月 22 日午餐时分,一个宽度达 0.75 英里的龙卷风"完爆"了美国密苏里州的乔普林市,豪湾海峡与中西部风的差异在这场悲剧中得到了证明。龙卷风的强度分为1~5级。这次便是5级的龙卷风,风速超过了200英里/小时。每一个生活在龙卷风地带的人都知道出现龙卷风警报时的第一反应应该是远离窗户,逃往龙卷风躲避所、地下室、内屋甚至是走廊,从而躲避随风飞舞的玻璃或其他碎片。在乔普林市圣约翰的地区医疗中心,发出了"执行灰色紧急状态!"的警报。护理人员立即熟练地将患者和病床推向走廊。幸运的是,大部分患者在暴风袭击前得到转移,除了爆裂的窗户,以及从患者手臂上炸裂的静脉注射器。

几乎每一个患者都是血迹斑斑,要么是被掉落的玻璃划伤,要么是靠近边上的患者被溅得满身是血。关键的医疗设备得不到电力供应。在急诊室的人被从窗户吸到了停车场。一位患者原本在急诊室治疗断裂的单根肋骨,风暴过后,又断裂了两根肋骨。这是近六十多年来最致命的龙卷风,造成153人丧生,近1 000人受伤。圣约翰医院有5位患者死于风暴。其他人,包括在风暴中新受伤的人被送往该州周围其他医院,家人们驾车疯狂地从一个医院到另一个医院去找寻他们失踪的亲人。不幸的是,有十几人感染了一种来自土壤或植物的真菌、这种结合菌病(zygomycosis)已经渗透到他们的皮肤,这种相当罕见的感染只有通过严格的治疗才能痊愈,包括强抗真菌药物和坏死皮肤的物理移除。其中某些情况下,会给伤口带来明显的疤痕。在153名死者中,至少有三四人是死于这种感染的。

强风不是美国中西部特有的。一年中,地球上最强的风有9个月在南极肆虐(图8.1)。南极探险家沙克尔顿(E. Shackleton)描述了麦克默多海峡附近的风:

在今晚的偶然间,当我们逐渐接近罗斯岛的东部海岸,注意到海面上覆盖着一层厚厚的黄棕色泡沫。这是由于大量的雪从山边吹到了大海,从某种程度上说,这些泡沫防止了海浪顶部的破碎。

围绕地球大气层的动力学环境是状态变化最明显的例子之一。为了探索

图 8.1　南极莫森探险队的一名队员，尝试在 100 英里/小时的风
　　　　中站稳，以凿取冰块进行"炊事"。该照片以"立在风中"
　　　　为主题，摄于 1907～1914 年的某个时刻

照片引自 With Shackleton to the Antarctic；由赫尔利（F. Hurley）拍摄

风的成因和影响其强度的因素，我们的实地考察范围将从南极向北，跨越加利福尼亚州到英属哥伦比亚，然后向南返回乔普林。

2. 引论：水流

　　我的职业生涯中有一部分，是在研究一种"致命波浪"，来自于大峡谷中科罗拉多河的大型湍流。结果，40 年来我深深地爱着科罗拉多河和她的湍流，并且仔细研究了湍流因何存在。我惊讶地发现，与科罗拉多河类似的情况是，空中的气流也有它自己的湍流，它的波浪在豪湾海峡中来回冲刷着我的窗户。

　　河水流动的方式是迷人的、多样的、复杂的。在美国中西部，像密西西比

河这样的河流通常是如静止一般蜿蜒着流向大海,接近于没有波浪的水体,承运着大量进出内陆的货运船只。相反,在西部的山区,像科罗拉多河这样的河流,几乎是像舞者一般跳跃着流向大海——冲向原野,穿过小型悬崖和岩石,带来了富含泡沫、跃动伸展着的"湍流"——这片区域对于皮筏艇爱好者充满着挑战,但却极大地阻碍着大型船只的航行和商业运输。

这两种类型的河流从根本上是不同的,这不仅仅是在商业运输和休闲活动上,对于研究它们的科学家来说更是如此。在厨房的水池里,你可以通过简单的实验来了解造成这种差异的水力现象[图8.2(a)]。在水池底部放置一个平板,打开水龙头,调节流量,直到板上出现明显的环形波浪。在下行水流撞击水池的地方,水很快地散开、变浅,直到它到达圆柱形的"墙壁"。越过这道墙之后,水仍然是从水龙头流出,但是变得更深更慢。墙壁分离了两个不同性质的流动区域——快浅区和慢深区。墙壁被称为"水跃"(hydraulic jump)。在平板上,它的几何形状呈圆柱形,因为它由圆柱形的喷嘴产生,类似的水跃在暴雨期间的街道水流中、在大坝溢洪道后的大波浪中、在流过鱼梁等水下结构的水中,以及用花园软水管可做的许多实验和许多河流中都可看到。(如果你仔细观察的话,在美国中西部的河流靠近海岸线的薄层水流里也可以观察到。)

水跃分离出具有不同性质的两种流势(见第二章"流动的河流":势的变化和图2.4)。这种流势有许多类似于亚音速和超音速空气流的性质,工程师用类似的词汇——"亚临界"和"超临界"来描述这两种流势。当水通过水跃时,由于突然的减速,从超临界态(快浅区)过渡到亚临界态(深慢区)。对于在河中的大浪(浪高达15~20英尺),在水跃时的速度变化可以达到20~30英里/小时。有时,在河流中,当水流通过一个水跃后,会继续流动,并且能再次加速,在上一个水跃的下游方向形成另一个水跃,如此反复。在湍流中,这些水跃形成波浪,对皮筏艇造成了很大的威胁。然而,正因为水跃有如此危险的一面,它们才被称为"溺亡机器"[图8.2(b)]。它们会变得极度混乱,水流在任意方向剧烈地运动,且通常出现一个围绕水平轴旋转的漩涡——所谓的水平涡流,困住粗心的游泳者和皮艇运动员。

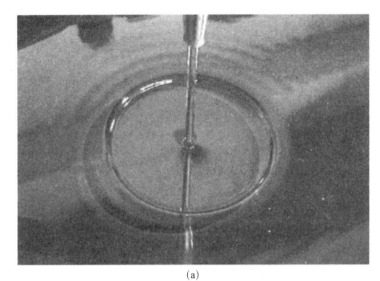

(a)

(b)

图 8.2 水跃对水域的分隔与水平涡流警示牌

（a）水跃分隔两个流动特征不同的水域［由布什（J. Bush）提供］；
（b）一座低水头大坝附近的警示牌，警示牌图示了卷入旋转的水平涡
流的危险（来自 www.geocaching.com，摄影者不详）

3. 气流

大气中的底层风带也就是在"对流层"中穿梭的空气河,同样也是我们生活的地带。极地地区的对流层向上延伸 30 000 英尺,赤道地区向上延伸 56 000 英尺。在大气中,平均气压随着海拔升高而降低。(游客们会经常遇到这种情况,例如他们在海平面处包装了一瓶药水,然后在另一个城市打开它,由于瓶内储存的是海平面处的压力,药水会意想不到地喷洒出来。)在对流层中,大气的平均密度和温度也随着海拔的升高而降低。在高海拔地区,气温变化更为复杂。

由于地球表面不是平的,一些地区比其他地区的海拔更高,大气层的这种结构使压力、温度和密度随着地球表面的变化而变化。然而,在局部地区,压强、温度和密度是时刻改变的,并且总是偏离平均值。

在相当大的区域范围内,天气是由海洋及陆地的空气条件所控制的。海边的气候和天气则一直受海洋调节,拥有高温或低温,但绝不会与内陆一样,在白天或夏季很热而在晚上或冬季很冷的极端温度。因此,沿海地区的空气团的密度和压强既可以比内陆空气团更高(白天或夏季),亦可以更低(晚上或冬季)。天热时,风通常会从高气压的沿海区域吹向低气压的内陆地区;这就是所谓的"海风"。而天冷时则情况相反。因温度和湿度的差异,形成了高压与低压的大型天气系统,这些压力差异也可以产生风。系统的范围变化很大,半径为 10~125 英里(所谓的中气旋尺度)或 125~1 250 英里(热带气旋尺度)。

有几个因素可以驱动风的运动,或者在小区域范围内影响风的强度,其中一个是已经讨论过的流势,其余四项是空气的密度、重力作用、地形(地貌)和压力梯度(压力随距离变化的快慢)。一般不止一种驱动力起作用,四种因素经常在地球复杂的气象环境中同时扮演着角色。

一旦空气开始流动,第五种因素——之前讨论的科里奥利效应,也开始作用,并能够改变风向。在这些因素的影响下,流动的空气进入之前描述的两种流势的其中之一(亚临界态和超临界态)(图 8.3)。所有这些因素共同作用,产生了一个有各种复杂类型的风的集合,半径变化范围从 1 英里(龙卷风)到与大陆相当（最大的大气压力系统）。在气象学中（水力工程学也一样），需要一整本笔记本来记录所有的可能性，但是我们可以通过日常生活中最有趣、最熟悉的环境来了解密度、重力、地形所扮演的角色。

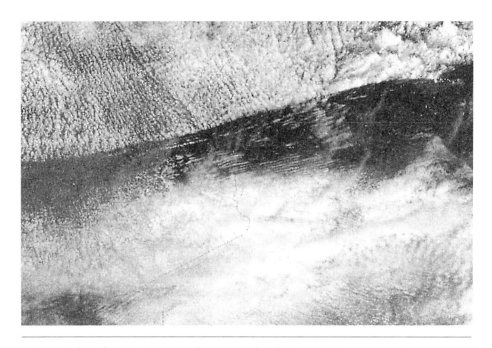

图 8.3　大气中类似水跃的流场突变——如图像上部从左到右的界线所示，在该界线处自南边从加拿大过来的快速气流与从大湖区上空过来的慢气流相遇

NASA GOES 12 观测图像[①]

4. 随地形起伏的风：焚风、奇努克暖风及福塞特

产生于大陆内部高原或极地冰盖的致密冷空气，在重力的作用下，会流向海拔较低的海边，有时会达到飓风的级别。这些致密冷空气是处在海边的暖空气下方，如离散层一般流动的空气流。沙克尔顿（Shackleton）认为，在南极像这样的风，可以达到 100 英里/小时；现代仪器曾经记录到风速达到 200 英里/小时的大风。

①　相应的延迟摄影集，参见 http://cimss.ssec.wisc.edu/goes/blog/652。

当寒冷空气朝着海岸向下流动时,就会逐渐变暖,因为它被更大的压强压缩——就像给汽车或自行车轮胎充气的过程一样。轮胎中的热量来自于你压缩气泵所做的功,然而在大自然中,热量来自于冷空气处于高原时的势能,并在向下流动时转化成动能和热能。通常这种空气的压缩仅由暖气流在山体背风坡的底部所引起,但是另一种效应,暖气流取代山底冷气流的影响可能更大。

尽管压缩的空气沿着海岸分布,但南极的风在流动时非常冰冷刺骨,而到达海边时依旧如此。正是这样,在风的作用力下,雪会蒸发(升华)并被冲刷掉,有些被带到大海成为"泡沫",如同沙克尔顿描写的那样。在麦克默多海峡,美国研究基地附近的一些山谷中完全没有积雪,形成了独特的地理条件,被命名为"麦克默多涸谷"(图 8.4)。山谷的地面没有冰雪覆盖,只有松散而干

图8.4　南极的麦克默多涸谷,因来自内陆山脉的干燥热风而使这里无降雪

图像来自于 NASA/GSFC/METI/ERSDAC/JAROS 和 US/Japan ASTER 科考队

燥的砾石形成了荒凉而干燥的景色。（然而,尽管处于干燥寒冷的条件下,在涸谷中由于夏季冰川融水而潮湿的岩石里发现了细菌。涸谷可能是地球上最接近火星表面的地方。)

在北美也会出现由重力作用驱动的风,其中最臭名昭著的或许就是南加州的"圣安娜风",在钱德勒的《红风》里有过描写。当空气从内华达州的大盆地向西流入太平洋海岸时,便形成圣安娜风。冬天,圣安娜风冷而干燥,经常给南加州带来一年中最寒冷的天气。更危险的是,在培育植被生长的潮湿春季过后,秋日干热的圣安娜风可能带来灌木林和森林大火(图8.5)。

在这样的风中生活会是怎样的呢? 我们可以从钱德勒的文章中了解到,这些风可能是导致各种各样疾病的诱因,特别是偏头痛;还可能有人身危险。然而,在乔普林市,风导致灾民们的皮肤被完全渗透、暴露,并造成真菌感染,单单在圣安娜风中呼吸都是很危险的。风携带病原真菌孢子,可以导致类似流感的谷热(球孢子菌病)。虽然通常不严重,但它可以进一步发展为皮肤溃疡、骨骼病变和一般的炎症问题。

当风从沿岸山脉流向内陆时,例如从任意一座西部的太平洋沿岸山脉开始,流向内华达州的大盆地,会有很多有趣的现象发生。海洋处的空气是潮湿的。随着空气的冷却,在迎风面水汽会凝结成雨和雪,这一过程在美国和加拿大西部的许多山脉地区,产生了恶名远扬的潮湿阴冷天气。

在山的迎风面,雨或雪的形成有两种结果:因为水蒸气凝结成雨滴释放热量(称为"潜热"),上升的空气会变干变暖。(许多人都是通过手或手臂接触到来自茶壶嘴蒸汽的疼痛经历,来认识到潜热的。蒸汽凝结在皮肤上,释放了潜热,造成皮肤烧伤。)

空气在山脉间流动时,在山顶处达到最低温度。一旦跨越山峰,空气会比处于迎风面时干燥得多,也仍可能保持潮湿,并加速下山。当气流下降被压缩时,仍会变暖。这种升温可以是强烈的——以至于产生了干而热的风。吹向大海的风都被给予名字,比如圣安娜。在山的背风面,臭名昭著的风同样常被命名。这依赖于具体的地理区域,其中有两个著名的风:"焚风"(foehn,来自欧洲的术语)和"钦诺克风"(chinook,来自美国落基山脉的术语)。"奇努克"

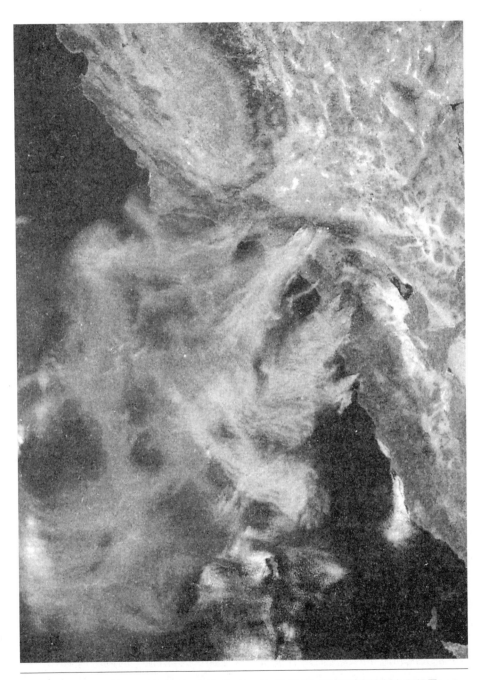

图 8.5　南加州的圣安娜风,吹开了 2003 年 10 月 25、26 日野火的灰尘和烟雾

图像来自 NASA

是一个印第安黑鹰部族的印第安语,意为"食雪者",因此恰当地表达了其能够升华并冲刷地表积雪的能力。

随着空气在山坡上流动,会出现许多不同的流动特征,而且往往集中在一个广义的术语"背风浪"(lee wave)之下。水跃可能发生亦可能不会发生。它们可以在山坡或山底平坦的地方发展,也可以形成旋转气流水平轴———一种漩涡———它的轴平行于山前,就像图 8.3(b)中溺亡机器标识牌所示。由于漩涡的旋转,这些特性被命名为"滚轴气团"(rotor)。它们是声名狼藉且危险动荡的区域。

与水中的水跃不同,滚轴气团中的水跃通常不可见,使得它们在航空领域尤其危险。滚轴气团的前沿几乎是垂直的,形成一道垂直的壁垒,有时延伸的侧风可达到整座山的长度。滚轴气团及其上覆云层可以达到 25 000~30 000 英尺,比在山顶区域正常的上覆云层更高。正如木筏在湍流中遇到水跃时会"撞墙",当飞机遇到滚轴气团时也会"撞墙"。一架用于调查滚轴气团性质的滑翔机,设计加速或减速能力为 $8g$~$10g$,但实际上被摧毁时,已经承受了 $16g$。(对比而言,电梯加速上升时的重力加速度约为 $1.14g$。战斗机飞行承担的重力加速度为 $9g$。)

对航空冒险者而言,滚轴气团是最具吸引力的环境之一。自 20 世纪 30 年代德国滑翔机运动员发现滚轴气团后,滑翔机便开始利用这些气浪将自身提升到巨大的高度。恩沃尔森(E. Enevoldson)和已故的福塞特(S. Fossett)利用滚轴气团的动力,将当前滑翔机飞行高度的世界纪录提升到 50 727 英尺。

然而,滚轴气团也有其危险性。1964 年的一天,在加州内华达山脉附近,滑翔机飞行员报告称在玫瑰山出现了一道可见的"巨大"波浪。同一天,约 20 英里之外,天堂航空公司的一架客机本应从奥克兰到塔霍湖机场,却坠毁在山上,85 名乘客全部遇难。原因显然是由于飞机未能经受住滚轴气团的动荡气流。

两年后,一架英国海外航空公司的飞机(BOAC911 号航班),从东京起飞,在向南仅 40 英里的富士山坠毁,遇难人数为 124 人。富士山是一座美丽的山,但以它的大风和诡异的气流而声名狼藉。就在那一天,山顶上的风速达到 70~80 英里/小时。天气晴朗,并没有云层以显示气浪的存在。911 号航班的飞行员经过申请,航行了一条更接近富士山的路线,使乘客在美景中享受旅途。飞机从顺风面向山体靠近,飞向了看不见的背风气浪或者是滚轴气团当中。飞机炸裂了、消失了,只留下了 10 英里长的残骸。一架美国海军 A‑4 天鹰攻击机被派往搜寻残骸,也遇到了剧烈的湍流,加速计显示从+9 到−4 剧烈变化。

　　滚轴气团发生的事故中,最广为人知的可能发生在 1972 年,满载乌拉圭英式橄榄球队的飞机在安第斯山脉海拔 12 000 英尺处遇到滚轴气团。飞行员无法控制,飞机坠毁,40 名乘客中有 29 名遇难。多数幸存者挣扎了两个多月最终却没得到营救,只有两名幸存者活到最后。他们的生存命运、自相残杀而吃人的故事,改编成了 1993 年的电影《活着》。

5. 吹过山谷的风: 山口风

<blockquote>这是一种从山上吹下来的干热圣安娜风。——钱德勒,《红风》</blockquote>

　　虽然风受重力影响,但当通过山口和山谷等地形时,其路径会被扭转和弯曲。甚至城市居民也认识到地形会影响风力强度,因为汇聚于城市中建筑物间缝隙的"街道峡谷之风"也可以非常强烈。纽约人都很熟悉一种寒冷的冬季风,当它从佩恩车站附近的第三十三街区呼啸而来之时,几乎可以把人吹得飘起来。在自然界中,同样在城市环境中,大气风暴驱动着风沿山谷和豁口地形向着同一方向前进时,这样的风尤为强烈。当我住在豪湾时,它们就猛烈地吹打着我的玻璃屋,这样的风被称为"斯夸米什风"。

　　没有词语能够像"山口风"(gap wind)中的"山口"(gap)那样,如此准确简洁地描述这种现象[图 8.6(a)]。自 1931 年被用来描述我那间玻璃屋附近区域的风以来,这个术语已经成为一个广泛使用的名称,代表着在两座山脉间或山口间,吹动的低海拔且剧烈的大风。这样的风也出现在南极和其他地区,也许最著名的山口风之一就是"米斯特拉风"(mistral),流经法国罗讷河谷的一种干冷风。普罗旺斯——一座位于法国南部的旅游胜地及葡萄产地,拥有它自己独特的气候,相比于法国其他地区和米斯特拉风而言,这里拥有干净的空气和令人难以置信的晴朗天数。

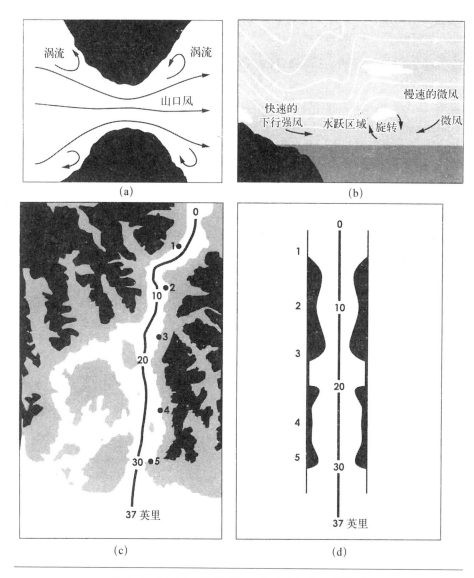

图 8.6 山口风、背风气浪、自然喷嘴及其实验模型

(a) 简单的山口风；(b) 有水跃的背风气浪；(c) 一个曲折的自然喷嘴；(d) 根据图(c)的几何形状简化的实验模型

在图(c)和(d)中，实线从 0 延伸到 40 英里。我的房子在图(c)右下方的点 5 处。①

———————

① 关于这一地区山口风及图(a)的资料参见 http://www.islandnet.com/~see/weather/elements/gapwind.htm。

通过山口流向大海的冷空气经常不到半英尺厚,它作为清晰的界定层,流经低洼的山谷和山口[图 8.6(b)]。陡峭的山脉和山谷往往呈有界的曲折形状,类似于许多收缩物和扩张物的喷嘴[图 8.6(c)、(d)]。喷嘴在气流中的作用,与在河道中水流的作用是一致的:进入喷嘴的空气加速,穿过一个狭窄通道,到达喷嘴的另一边,有时则穿过驻波和水跃。科学家跟随考察飞行器一起飞行,分析来自风力监测站的数据,应用数值模拟和实体建模技术,使得现在的人们能够测量并描述这些空气流的产生条件。在我位于豪湾海峡的房屋附近,他们发现了亚临界态和超临界态的流动区,并且出现了不止一个,而是两个水跃,相隔 10 英里。最大的水跃就靠近我的玻璃屋! 相比于气流中的水跃,大气中水跃会在周围运动,这是因为风速是不断变化的。所以,我的窗户不仅被强风攻击,甚至有可能是大而混乱的水跃或滚轴气团在来回冲刷我的窗户。

斯夸米什风敲击在我的房屋上,它最令人担忧的特征之一就是一会儿速度很快,一会儿又诡异地沉寂下来,且在两者之间不断交替。20 世纪初,南极洲的海岸观察员曾发现过类似这种强风中出现的沉寂现象。对于小型船舶,由于水上的风已经吹出峡谷一段距离了,风速和风向的变化是最危险的一个方面。如果图 8.2 中的南极探险家,是处于山口风环境中而不是处于风速为恒定的 100 英里/小时的环境里,他不可能"为了做菜"凿取冰块,因为当出现沉寂现象时他很可能头栽地了!

6. 空中最大的气流: 高空急流与桑迪飓风

地球上规模最大的风带发现于高空急流(jet streams)当中。南北半球各有两条大型急流:极地急流与副热带急流(图 8.7)。2012 年巨型飓风桑迪的产生、加强,并于新泽西海岸的登陆,二者都扮演着重要角色。尽管飓风通常袭击美国东海岸,但飓风桑迪却与众不同地猛烈侵袭了美国西海岸的中部和北部地区。为什么呢? 在本节中,我们将探索桑迪流经的那条不寻常的空中之河,以及沿着这些河流运动的冷暖气流对撞所引起的反常现象之——龙卷风。

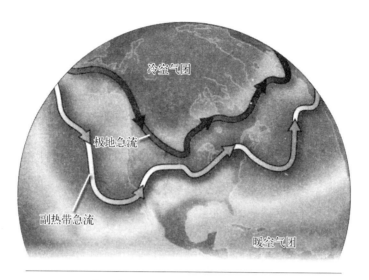

**图 8.7　全球高空急流示意图。极地急流中压力最低的
槽就是本文所述的后倾槽的一个例子**①

　　20 世纪 20 年代,一名正在富士山附近研究大气层的日本气象学家大石和
三郎,发现了高空急流,甚至在几十年后的第二次世界大战,日本学界之外的
学者对这种大气现象都知之甚少。然而,日本人将他们掌握的高空急流的知
识转化成了战略优势,利用高空急流发射了 9 000 枚"火气球"攻击美国,气球
在空中向东旅行了数千英里。其中大概有 300 个最终到达美国,曾有一户人
家靠近它时发生了爆炸,造成 6 人死亡。(这是唯一已知的在二战期间因敌军
行动而造成的美国本土伤亡。)随着战争期间的航班增加——尤其是美英两国
之间,顺西风带的飞机速度能超过 100 英里/小时,因此从西向东比反向航行
的速度快很多——故了解高空急流的运动方式变得尤为重要。

　　高空急流是天空中巨大的河流,它标识着冷暖气流的边界。想象一下纬度
30°处的低纬度和中纬度环流圈之间的副热带急流,以及纬度 60°费雷尔与极地
环流圈之间的极地急流,这样做相当简化但却非常实用。它们的位置基本上一
年变化一次,特别是极地急流。秋季,极地急流从加拿大向南出发,将冬季的冷

---

①　Marshak S. Earth:Portrait of a Planet[M]. New York:W. W. Norton,2012.

空气带向美国。而春季,它退回北方,让夏季的温暖热带气团北移来到加拿大。

高空急流在对流层的顶部流动,高度在 12 000～80 000 英尺之间变化,由于热带地区的对流层比两极地区更高,因此副热带急流高于极地急流。高空急流可达几百英里宽、1～2 英里厚,一般自西向东流动,速度超过 400 英里/小时。高空急流的路径为曲流形状,以不同的方向流动,在某些区域甚至自东向西"倒退"流动。这种环形结构叫作罗斯贝波(又叫大气长波),波长 1 800～2 400英里,由于纬度不同,科里奥利效应的强度也不同,它会不断扩张。高空急流之间能够分离、重组、反向、暂停。

在北半球,向南延伸的曲流部分为"槽"(低压),向北延伸的曲流部分为"脊"(高压)。(你可能经常在气象学和天气预报中听到这些术语。)若没有槽和脊,高空急流中的风就将自西向东移动,但槽和脊使风绕着低压或高压核循环运动。在北半球,槽控制着逆时针循环的大型低压系统,脊控制着顺时针循环的大型高压系统。而在南半球环流方向是相反的。通常,一个槽-脊系统能覆盖整个美国。在该系统下,小尺度环流特征("旋风")可以形成,甚至可以形成独立的龙卷风。

飓风是强大的热带风暴,属于"热带气旋"的一般范畴,"热带"是指它们的形成地区,"旋风"源自希腊字 kykloun,意思是"循环转动"。kykloun 指的是围绕一个核心旋转的风,且具有风暴的特征。飓风、气旋和台风是同一现象的不同名称,分别用来代表发生在大西洋、印度洋和太平洋的风暴。

通常,大西洋上的飓风从热带地区开始生成,由盛行偏东信风驱动自东向西运动。而后当移动到北半球中纬度时,又由中纬度西风带吹动向反方向运动(图 7.10)。大多数飓风由西风带推动向东北运动,并逐渐远离美国东海岸,它们在海上兴风作浪,或是在加拿大东部造成伤亡。2011 年的飓风艾琳,沉浸在加拿大魁北克及沿岸省份之后,于拉布拉多海岸消失。

槽与脊随高空急流自西向东迁移,但高压脊有时会消亡在这迁移路径上。结果,紧随其后的槽可能会向后弯曲,而不会像军乐队一样,因为队伍前方意外停止而弄得人仰马翻。这样便形成了一个所谓的后倾槽("后倾"是指槽的轴点向后靠的运动,方向如图 8.7 所示)。在这样一个槽的东侧,风从东南方流向西北方,所以如果一个风暴系统恰巧发生在槽底部某个合适的地方,它可能会被"吸进"西北风中。

2012年10月,这一切真实地发生了。一个向南延伸的后倾槽从加拿大一路南下到达佛罗里达州北部,正好与流经佛罗里达州南部的副热带急流亲密接触。这两股高空急流的结构实际上是很常见的,产生了一些肆虐在大西洋海岸的大型风暴,称为"东北风暴(nor'easters)",例如2010年2月造成华盛顿政府停摆的"末日雪灾(Snowmageddon)",以及2013年2月强大的冬季风暴,向东北地区倾泻了40英寸(1英寸=0.025米)厚的积雪。

然而非同寻常的是,飓风恰巧处于槽底部两股高空急流的中间。而2012年10月的飓风桑迪,其位置正是如此。与后倾槽相连的东南风带吸收了桑迪,并引导它向西北和美国东海岸移动。

仅仅夹在两股高空急流的中间位置不足以决定桑迪的命运,那一周的大西洋是一个名副其实的天气大堵车系统,包括一个悬停在格陵兰的高压-低压偶联系统。通常情况下,紧随后倾槽移动的冬季风暴会偏离原始路径向东北方移动。然而,一个与此特定后倾槽相连的冬季风暴被格陵兰的高压-低压偶联系统所阻挡。同时,桑迪被东南风带吸收了。因此冬季风暴与桑迪相遇,互相缠绕,合并成一个精力充沛的风暴怪兽,被称为"弗兰肯斯通"(Frankenstorm)(听起来就像弗兰肯斯坦的弟弟)。桑迪带走了超过85个人的生命,一些地方下着倾盆大雨,积水达到1英尺深,而另一些地方则出现了2英尺的积雪,海滩边的沙子也向城市内陆移动了4英尺。桑迪造成的损失达300亿～500亿美元,是美国历史上继卡特里娜飓风以来经济损失位居第二的毁灭性灾难,后者的损失高达1080亿美元及1300人丧生。

7. 龙卷风与乔普林

极地急流不仅会产生大西洋海岸的东北风暴,在美国中西部地区,它还会带来加拿大冷空气,并与来自墨西哥湾的暖空气相接触而产生雷暴和龙卷风天气(图8.8)。

图 8.8　雷暴线的卫星视图，2011 年 5 月密苏里州，龙卷风袭击乔普林前不久[①]

图像来自 NOAA 美国国家气象局

　　龙卷风往往发生在高空急流发生改变的时候——特别是在春天，北方空气仍然很冷，但南方随着白天越来越长，太阳升起后输送的热量越来越多，空气迅速升温。许多中西部城市每年 4~6 月正是处于这种天气状况，因此是风暴猛烈活动的主要时期。本章开头所述的乔普林龙卷风是 2011 年爆发的第二致命的龙卷风，仅次于在 2011 年 4 月下旬爆发的那场，它横跨美国 6 个州，造成 327 人丧生，仅亚拉巴马州就有 238 人丧生。

　　在乔普林龙卷风爆发之日，生成一个完美的风暴所需的四种大气组分：暖空气、大量的冷空气、水分和风刚好都具备。天气炎热而潮湿，太阳全天照耀着大地，提升了大气中的水分含量。大量的冷暖空气出现于覆盖在美国东部的脊，以及覆盖西部各州的槽。由高空急流产生的大型天气模式提供了一个狂风环境，狂风向各个方向肆虐，并可将雷暴天气加强为大型漩涡，称为"超级雷雨云泡(supercell)"。

　　低空风是危险的，但它们也提供另一个形成龙卷风的要素——被称为"低

---

① Marshak S. Earth：Portrait of a Planet[M]. New York：W. W. Norton，2012.

空剪切(low-level shearing)"。在这种情况下,"剪切"指的是不同强度的风吹
在不同的海拔高度。在乔普林龙卷风发生那天,风在近海平面低速前进,但在
大气几千英尺处的速度却高很多。这种剪切风产生的水平漩涡与之前所述的
溺亡机器和背风气浪如出一辙(图 8.2)。

这一天,有些地区的风正在向上流动,即"上升气流"(updrafts),就像打开
了你家厨房的抽油烟机一样。这些上升气流驱使空气沿其表面涡流流入并向
上流动(想象一下溺亡机器中的水平漩涡正在被垂直地吸收)。由于水平漩涡
是旋转着的,它也赋予上升气流以旋转的力量,形成一个大的旋转区域,称为
"中气旋"(mesocyclone),风涡直径达 2～10 英里(图 8.9)。

**图 8.9 图片中的低空云层即"壁云",通常指示中气旋的存在
及位置。有时壁云本身就明显地旋转着**

照片来自 NOAA 图片库,由思茅(B. Smull)拍摄

最后一个为龙卷风爆发创造条件的要素是,在超级雷雨云泡的后侧出现
强大的下降气流。在此出现的强大下降气流似乎是在中气旋中聚集并旋转,
导致了龙卷风的出现,但气象学家还未完全理解这种气象模式。

这些导致灾害天气爆发的要素被气象学家用数学的方法加以组合——该

方法称为能量螺旋度指数(energy helicity index，EHI)。若 EHI 大于 1,表示可能出现超级雷雨云泡;EHI 为 1~5,则表示可能会出现 F2 和 F3 的龙卷风;EHI 大于 5,表示可能会出现 F4 和 F5 的龙卷风,而且可能性很大。而乔普林龙卷风日的 EHI 为 10,其结果必定是灾难性的(图 8.10)。

(a)

(b)

图 8.10　美国密苏里州乔普林市在 2011 年龙卷风袭击前后的照片

(a) 袭击前的乔普林市;(b) 袭击后的乔普林市

图片中央是圣约翰区医院的西南分部;图(a)宽度为 500 码,图(b)的宽度为 900 码;图片来自谷歌地球

8. 反思：是否应发出警报？

一些灾害如龙卷风、海啸、飓风及某些类型的火山喷发等，在真正来临前有几分钟、几小时甚至是几天的时间能够发出警报。而有些灾害，发生的时间和地点均无法准确地预测。地震、畸形浪，以及一定程度上的山体滑坡和其他类型的火山喷发均属于后者。世界上还没有出现一套适用于所有灾害的预警程序。相反，预警系统需要针对个别灾害和人口的影响来制定。

在过去的 30 年里，我们对天气学和气象学的认识有了巨大的增长，而随着理解的加深，天气预报的极限也在不断突破。这是下一章的主题。然而，灾难应急规划人员想要将科学与人类行为统一起来将是一项巨大的挑战。加利福尼亚的地震学家和气象学家的经验已经证明，继续教育、应急准备及演练是可以起到作用的。由于存在大量的信息和大量的错误警报，人们往往只会看到表面，而忽略了真正重要的警报。我发现一个有趣的现象：当我还住在伊利诺斯的时候，某天龙卷风警报突然响起，我，正在撰写一本灾害学书籍，而我地质学界的同仁们都跑出去看看发生了什么，而不是按照既定计划躲在地下室。我之所以觉得这种明显不理智的行为是合情合理，是因为警报一般是在全县范围的基础上发出，而我们县是如此之大，让我们觉得龙卷风在我们附近发生的（统计学上的）概率很小。这就是人类的本性。

人们对龙卷风警报的实践在不断改进。1887 年美国陆军通信兵团禁止了官方警报，以免引起恐慌，亦可使民众得到满足，只在 1934 年解除了部分禁令。然而，许多龙卷风发生时并没有警报，因为他们无法预测。1948 年，在美国俄克拉何马州的廷克空军基地，人们第一次成功地预测了龙卷风之后，美国政府于 1950 年将禁令完全解除。在 20 世纪 50～60 年代，预警系统不断通过商业电视和电台向大众发送，而此时空军袭击报警器已经设计出来，并于二战时期被广泛用于社区中，因此为了不让龙卷风警报和美国的空袭警报相混淆，龙卷风警报在 1970 年之前都没有使用过。现在在龙卷风多发地区的居民不仅可以接收来自报警器、电视和广播的信息，也可以通过手机、互联网和 GPS

设备获得龙卷风信息。

气象学家看到龙卷风在乔普林爆发到来的日子提前了，对即将到来的危险进行了提前 20 分钟的警报，但仍有人失去了生命。幸存者透露，不是每个人都听到了警笛的警报，人们还没反应过来怎么回事就已经看到了真正的危险，因此没能躲避过去，而且他们可能已经对警报麻木不仁了。大概超过一半的人是在他们的住宅中遇难的。为了解决房屋安全问题，现在乔普林市要求房屋更加牢固的建筑规范，称为"飓风条款"，要求房屋与地基紧密联系起来，但是能够提供强大保护的混凝土地下室却没有受到这个新家园建设的要求。

无论是龙卷风、飓风、火山喷发或是地震，为了让人们相信警报并不是随便公布的，官方需要提前准备，且在警报发出时有一个能够实施的行动计划——这一切仍然是一个挑战。警报不可能总是正确的，总会出现假警报，也总会出现事后的舆论批评，但现有的预警系统和应急措施确实能够减少人员伤亡和经济成本。随着公共利益的研究和教育的不断提升，这些措施和取得的效果会更好。

第九章　水……泛滥成灾抑或焦金流石

1. 蛇之瘟疫

从 2010 年年底到 2011 年年初,破纪录的洪水几乎将澳大利亚东北部的昆士兰州毁于一旦。政府发出警报,启动了应急计划。而在我居住的中西部地区,人们以不同的方式应对着洪水,包括订购毒蛇咬伤及抗蛇毒血清的急救用品! 昆士兰州有 40 种不同种类的蛇,其中大部分是有毒的。许多蛇并不小——东部棕蛇通常为 4~5 英尺长,也有 6~8 英尺的。人们只能被困在船上而不能待在树上,全是因为这些蛇! 它们在逃离被水淹没的巢穴时最先发现树。蛇能游泳,并善于发现能够攀爬的树和能够避难的房子。它们喜欢阁楼! 它们在本应交配的季节里被打扰,因而当时在澳大利亚新闻中使用"暴躁"这个词来形容它们。

一名因洪水而暂时住在船上的女子说道:她能感觉到蛇的信子轻轻地拂在脸上,这是蛇用来试探猎物距离的方式,并准备开始咬人,然后猛地跳到她的大腿上。该女子的丈夫用棍子把蛇弹到水中。据说尖叫和恐慌几乎都要把他们的船给掀翻了。如果没有别的状况,澳大利亚人是尊崇行动导向的。但我对澳大利亚人的看法是,他们对一切都处之泰然。毕竟,那只不过是一条蛇,从另一个层面上说,有些鳄鱼也能在洪水中伪装,让它们看起来就像漂浮的碎片,以及随处可见恶心的甘蔗蟾蜍,沙子里的苍蝇和蚊子,这些也会令人感到不舒服,不是么?

在 2011 年 7 月的澳大利亚,除了蛇,我发现洪水导致的另一个后果:香蕉的价格达到约 15 澳元/千克(美国为 6 美元/磅),或者大约是 2.50 美元/个(图 9.1)。虽然这种物价高涨的情况一部分可能与强大政治影响力有关,但是由于担心将害虫引入其大陆脆弱的生态环境中,澳大利亚人确实在尽量减少农产品进口。这种做法使物价在很长一段时间内都很高,因为外国的商品都不太具有竞争力。那个夏天由于当地香蕉作物遭到了洪水摧毁,使得它们是如此与众不同。

图 9.1 2011 年澳大利亚墨尔本香蕉的价格

照片由洛佩斯(G. Lopez)拍摄

干旱则是洪水的镜像。在 2012 年,美国伊利诺伊州刚遭受了严重的干旱,影响了农田,但是并没有出现饮水短缺。不过,我已经有足够的经验在美国中西部的荒漠中做实地考察了,以此能够生动地了解缺水是如何影响人们的生活。在成为加州理工研究生的第一年之后,我想要通过经典的地质填图得到一些实际经验。导师并没有因我毫无任何露营经验而气馁,他将我带到遥远的南部,现在的峡谷地国家公园。这是一个美丽但贫瘠干旱的地区,夏季白天的温度在上午 10 点时就能达到 110 ℉。而我在这儿住了 4 周。

离营地最近的供水地在犹他州的摩押市区,驾车也需 2 小时,而 1965 年的摩押还是一座沉睡的、满是灰尘的边境城镇。我需要一个人在这偏远的营地中待上 1 个月,于是我收养了一条摩押的流浪小狗——一只边境牧羊犬。因此,我必须得喝水,不仅是为了自己,也为了脆弱的小狗狗。食品不是大问题,罐头食品很好吃(就是除了第一周被花栗鼠吃光了所有罐头上的标签,于是在余下的夏日时光中,饭菜就有些不尽如人意)。我学会了用一整杯水完成洗漱(可能只有在沙漠中才会这样!),并让我和狗狗都保持有水的状态,珍惜每一口喝的水。我能想象到在非洲的干旱地区生活是多么艰难,在那里,一天又一天,对水的需求支配着人们的生活,特别是妇女和儿童,他们必须每天走很长的路去获得用水。

犹他州气候干旱,除了一些偶尔的雷暴天气之外,我在那度过的夏天都是持续干热的天气。"天气"一词适用于几个月相对较短的时间内的大气状态,而"气候"是指长期而平均的天气情况。雷暴就属于天气;干旱状态则是气候。"气候变化"是指气候在一年或几年的时间尺度内的短期变化。天气和气候都代表了大气状态的变化,只是时间尺度不同罢了。天气怎么了?是什么控制着这里的天气?为什么天气是如此难以预测?近期发生在全世界的洪水和干旱能够完美形容天气及气候变化,或是气候变化的征兆吗?这些问题的答案在科学界都是激烈争论的话题,对经济和政治的影响也是巨大的。

本章中,我们实地考察的大部分时间都在努力使人们了解南美洲太平洋西海岸的情况。我不会涉足关于气候变化的争论;相反,我希望能提供一个基础,使人们理解基础科学是多么复杂,因此,这也是为什么在谈及未来的天气模式和气候时,科学家会有许多不同意见的原因。

2. 2011:亿万又亿万

大型风暴和干旱对人类来说已经是代代相传的人与自然之间故事的一部分了。2011 年是不同寻常的一年。这一年,全世界不仅仅只有澳大利亚和美国遭受了破纪录的天气灾害。1 月,大雨带来的特大洪水伴随着各地的塌方袭击了巴西。8 月,大雨、山体滑坡和泥石流在中国部分地区肆虐。而在泰国,持续的洪水导致近 1 300 万人流离失所。

据 NOAA 的资料,2011 年仅美国因灾害的损失就达 140 亿美元,2012 年达 110 亿美元——这些灾害都与天气有关。2011 年的灾害事件中,有 6 宗为美国中部和东南部的巨型龙卷风爆发,我在第八章已提及。剩下与天气有关的灾害不过是这些:洪水、暴雪(可以认为是一种变成雪的洪水)、飓风艾琳、西南干旱和连锁反应导致的得克萨斯山林大火。洪水和干旱均发生在这些年里。

让我们更加仔细地看看 2011 年发生的这些灾害事件。1 月下旬,美国中西部地区遭受了历史性的暴风雪,现在被命名为"土拨鼠之日的暴风雪(groundhog day blizzard)"那个时候,中西部已经持续下了 2 个月的雪,居民们也被警告积雪还有可能继续增加 2 英尺。1 月 31 日,航空公司开始允许受影响地区的旅客在接下来 3 天内免费更改航班——这对航空公司来说是一个代价高昂的决定,同时也确定地告诉人们将有大事发生。一位气象学家说道:"毕竟该说的都说了,该做的都做了,这场风暴可能仍然会影响 1/3 的美国人口——大约有 1 亿人。"芝加哥当局敦促人们囤积食物和药品,并警告称这场风暴可能导致在密歇根湖上出现 25 英尺的大浪。中西部其他地区则预计有冻雨。美国国家气象局称此风暴是"危险的、多方面的、对生命具有潜在的威胁"。

之后,就像冬天渐渐回到北方,春天伴着龙卷风而来临,随之而来的是在北达科他州造成 10 亿美元损失的洪水。红河是北达科他州与明尼苏达州的界河,亦是美国几条向北流动的河流之一,而后流入加拿大曼尼托巴省,在那汇入温尼伯湖,并最终流入哈得孙湾和北冰洋。红河与其他向南流动而汇入温暖水域的河流相比,在动力学上有巨大的差异。由于流入较冷而不是较暖的地区,河流常遇到冰塞和冻湖而挡住了其流向大海的道路。苏里斯河是红河的一条支流,该河流域的乡镇所受打击尤为严重。前几年夏季当洪水浸透大地时也曾出现与这种洪水相似的情形。在 2010~2011 年冬季,当地的大雨和风暴使土壤的水分饱和了,出现了大面积的积雪。一些地区仅仅两个月便达到了一年的降雨量,于是洪水接踵而至。

在之后的夏季,飓风艾琳又席卷了东部海岸,引起了大范围的洪水和风害,这让联邦紧急事务管理局的员工几乎没有任何休息时间。其预定轨迹将波及超过 6 500 万人,致使从卡罗来纳到加拿大大西洋沿岸地区都成为危险地带。飓风在北卡罗来纳州登陆,华盛顿、费城和纽约的主要都会区域都在其预定轨迹中,东海岸的低洼地带全线开始进入防洪准备。在许多地区,因为刚过去的最潮湿夏季已经使得土地中的水分达到饱和,所以很可能出现一场大洪水。沿岸的航空、汽车和火车运输受阻,损失惨重。近 600 万人失去电力,数十万人被疏散。费城经历了洪水的创纪录水平,佛蒙特州南部也遭受重创,只有纽约市的损失低于预期。

与此同时,当美国东部一半地区正在经历大雨和洪水时,得克萨斯、俄克拉何马、堪萨斯,以及西南地区却正在经历创纪录的干旱和大火。从 2010 年秋季开始,持续 10 个月的干旱使湖泊干涸,炙烤着草原,导致野火在这片地区猛烈燃烧,尤其是亚利桑那州(该州历史上最大的野火季节)和得克萨斯州。俄克拉何马州则经历了它历史上最温暖的 5~7 月,而在其他 18 个州,这 3 个月也能进入"十大最热月份"。在达拉斯,7 月的 31 天中就有 30 天温度超过了 100 °F。

气象学家衡量干旱的一种方法是将该年降雨量与一个长期标准相比较。在 20 世纪初叶,降雨量比长期标准减少了 10~12 英寸,造成了得克萨斯州的严重干旱,而 50 年代降雨量减少 6~8 英寸也造成了干旱。2011 年,降雨量减少了 13 英寸,造成的结果是自 1896 年有干旱记录以来最严重的一次。相比得克萨斯州之前的干旱记录,2011 年的干旱也覆盖了很大范围(图 9.2)。到 2012 年 8 月,62% 的连续区域宣布为"中度至异常干旱"。

3. 镜像：干旱和洪水

为了理解为何在洪水肆虐地区的不远处却会出现干旱,我们需要查看区域及全球的气候情况。查看地形有多种方式,有一种则是观察水的流动方向。雨落在大地——有时是随着飓风天气而覆盖大片土地,有时是随着单个雷雨云泡而覆盖小片区域。水向低处流动,形成小溪、小湾、小河,并最终汇聚成越来越宽广的河流,流入湖泊或海洋。所有流水向同一个地方汇聚的区域称为"流域"。流域被海拔更高的区域分开,这片分隔的区域叫作"分水岭"——北

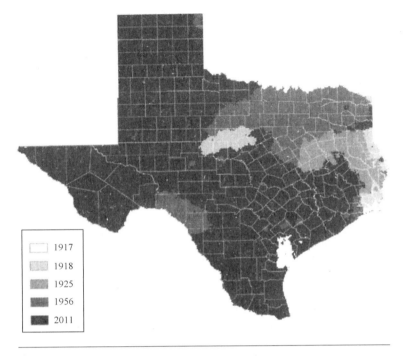

图 9.2　得克萨斯州出现干旱的地区图

左下角的阴影代表不同的年份,2011 年的干旱面积比其他年份的大许
多,图像由该州农工大学的麦克罗伯茨(B. McRoberts)提供

美的大陆分水岭便是一个大型而突出的例子。大陆分水岭的存在使得以西的
水流向太平洋和白令海,以东的水流向墨西哥湾或太平洋和北冰洋。

　　当风暴带来更多的降水,使得该片流域中小溪和河流的载水量超过了正
常值,那么洪水便会发生。我们已经对河流进行了大量的工程操作,改变了自
然界的排水系统,因此"正常"只是个相对的名词。实际上,这意味着生态系统
已经接受了过去几十年的所有情况。这种"正常"的定义可以用来描述潮湿闷
热的亚马孙盆地,或者美国与非洲西南部炎热干旱的沙漠。

　　有些河道定义清晰——比如坚硬岩石中的深切河谷地貌,这其中有流
经科罗拉多大峡谷的科罗拉多河。其他时候,它并没有很好的定义,比如由
软土形成的地貌,以及在小溪或河流中流水侵蚀了某些部分而在其他部分
又有泥沙沉积的过程,这形成了各种不同的地貌;密西西比河能够很好地形

容这种情况,该河大部分水体都流往墨西哥湾。洪水发生时,水就会溢出河道,流向原本干燥的陆地。"原本干燥的土地"这个概念是重复、模糊的,但它将这种土地松散地定义为:每隔几十年到几百年才会发生一次洪水。提起这种土地便会涉及"河漫滩"(floodplain)。文明始于河谷中的河漫滩,此处常发生洪水。绝大部分的人类历史中,修建大坝和改筑河道都旨在减少洪水对人类的伤害,甚至到了今天,世界还有很大一部分人口在河漫滩环境中生活。

流域对不同规模风暴的响应是不同的。如果风暴为整片流域带来降水,该流域中所有的河流都可能被淹没。但如果一股风暴的影响范围比流域小,个别河流的响应方式可能会千差万别。一些河流可能不会表现为洪水;有些河流如果其支流发生了洪水,其本身也可能表现为中度洪水。但还有一些河流如果直接遭受风暴的袭击便可能会表现为严重的洪水。一些河流水位缓慢上升,虽然无法阻挡但只是逐渐地漫出堤岸,或许得经过几小时或几天时间,这取决于风暴的大小和形成过程。还有一些河流则几乎是瞬间上涨,往往是突然出现一道水墙。这种洪水便称作"骤发洪水"(flash flood)。

当我停留在谷地时,曾被一次经典的骤发洪水困住了,并有幸能够生动地了解到暴风雨的多样性。这天天气炎热,烈日骄阳,伴随着饥饿,我驱车行进了几英里,为了赴约而穿过了几个旱谷(arroys,一个西方词汇,用来形容沟谷)。我们坐着欣赏日落,西南方向不远处出现了美丽的暴风雨云。大约1小时后,在黑暗中,我们听到了不祥的声响——在不远处,水冲下了旱谷,而我的营地就在这个旱谷另一边。整晚我都待在这本不应该逗留的旱谷这头,作为风暴的受害者我身上甚至没有变湿。这便是一个干燥气候却出现潮湿天气的实例。

干旱可以认为是洪水的镜像。它们将会发生在降水比往常有所减少的区域。无论是亚马孙盆地还是莫哈韦沙漠都可能会遭受干旱,只要降水量低于任何有效时间段内的正常值。若土壤过分干燥,可能会被风卷走,依赖水分的动植物死亡,动物也将离开去寻找水源,人们则遭受农业损失。工业用水会变得短缺,如果水坝的水库干涸,发电量就会减少甚至中断。这些情况可能导致社会动乱及人类的迁徙,包括发生为了争夺水源和食物的战争。

21世纪刚过去的短短几年,就已经发生几次值得注意的旱灾。长期干旱的非洲之角(索马里和埃塞俄比亚),及其西北部的达尔富尔冲突,迫使阿拉伯游牧民去更远的南方,而占据了非阿拉伯农民的固有土地,这也是非洲之角持续干旱的重要原因。2005年在亚马孙部分地区经历了一场百年来最严重的干旱,而发生在2010年的大旱其覆盖面积达2005年干旱面积的4倍。这个生态系统非常脆弱,2004年,在这两次干旱发生之前,科学家曾预测这片热带雨林可能会被压榨到临界点,最终变成草原。这种变化将对大气中二氧化碳的排放预算产生巨大影响。在美国西南部得克萨斯州的腹地,人们不知道这儿的干旱还会持续多久,但不禁要问,未来是否会出现类似于环保作家弗兰纳里(T. Flannery)对澳大利亚珀斯的预言。弗兰纳里担心,珀斯可能成为世界上第一个“鬼都”,一座由于水资源短缺而废弃的城市。这是凤凰城拉斯维加斯或者阿尔伯克基应该思考的结局吗?

气象学家预计,因为在太平洋发生的又一次拉尼娜现象——过去得克萨斯州发生的干旱都与其有联系——2011年得克萨斯的干旱可能持续下去。事实上,第二个拉尼娜现象延续到了2012年。那么什么是拉尼娜现象?它如何导致得克萨斯发生干旱?也可能在东海岸造成洪水么?关于它的伴侣,厄尔尼诺又是什么?我们对这些问题能说什么?不能说什么?在这里阐述所有的大气动力学是不可能的,但我将关注两个最重要的现象:厄尔尼诺和拉尼娜。

4. 热带之子: 厄尔尼诺和拉尼娜

也许没有人比澳大利亚古老的土著人更了解如何在旱涝周期中生存下来了。土著在他们的沙漠家园中生存了6万年,他们了解土地的每一种元素,包括珍贵的“永久性水域”所在地。澳大利亚腹地并没有永久性的河流,有些河流只流动一天,偶尔也会有几个月。这些河流都是土著人的“永久性水域”。虽然近年来有越来越多的土著人生活在大都市地区,但是他们仍然保存着游牧民族的传统,在出现降雨时快速前往干旱地区,在干旱期间退到不同的永久性水域中。

18 世纪末期,英国殖民者来到澳大利亚,并在 1 个世纪后的 1877 年经历了一场特别严重的干旱。现在我们知道这一干旱在中国造成超过 800 万人丧生,在印度造成 900 万人丧生。布兰福德(H. Blanford),时任印度气象部门的领导,发现此刻印度的大气压比平时更高,他派人前往不列颠帝国询问他人是否也正经历着干旱。南澳大利亚政府的气象学家托德(C. Todd)则回应道,在澳大利亚也有一场干旱。在 1888 年的又一次干旱期间,托德注意到在印度也发生了干旱。这些早期的与"遥相关"有关的研究,以及一批在 20 世纪 20 年代初的研究,指导人们发现了两大海洋现象:我们熟悉的拉尼娜和厄尔尼诺现象(La Niña and El Niño),以及被称为"南方涛动"(Southern Oscillation)的大气现象。海洋和大气的变化是有联系的,这些变化的组合称为厄尔尼诺/拉尼娜南方涛动,或缩写 ENSO。由于南半球主要是海洋,因此 ENSO 的影响在此是最强的,尤其是在南太平洋和澳大利亚。

在"正常"条件下[图 9.3(a)]——也就是在没有厄尔尼诺和拉尼娜现象发生的年份中——赤道地区的信风自东向西运动,将太平洋表层海水向西带往印度尼西亚。当水向西流动时,通常海面及以下大约 500 英尺处的海水都是温暖的。

思考这个问题的方法之一就是想象——有一个很大很深的浴缸,里面放满水,沿着赤道从南美一路穿越太平洋,横跨印度洋-太平洋群岛和澳大利亚,最后到印度洋。想象一下,你的头在这浴缸中的南美洲,你的腹部在太平洋中部的塔希提附近,你的膝盖处在澳大利亚稍北的位置,你的脚在印度,赤道在你的身体里穿过。再想象,这水就像是一个室外游泳池——池面的水比较温暖,越往下水越冷——你打开风扇,风在浴缸上从你的头吹到脚尖,风扇的风代表从美洲南部与中部向印度尼西亚与印度运动的信风。温暖的水朝你的脚尖运动,下方的冷水则朝你的头运动,并取代向西流动的水(质量守恒)。这上涌的水营养丰富,供应着美洲中部和南部西海岸的丰富水产。

当东太平洋的大气压比印度洋高很多时,叫作"拉尼娜"(意为"女孩")的典型变化就会发生[图 9.3(b)]。她驱使浴缸里朝你脚尖运动的温水向更远的地方流动。在现实世界中,温暖的池水堆积在印度尼西亚,给西太平洋地区的

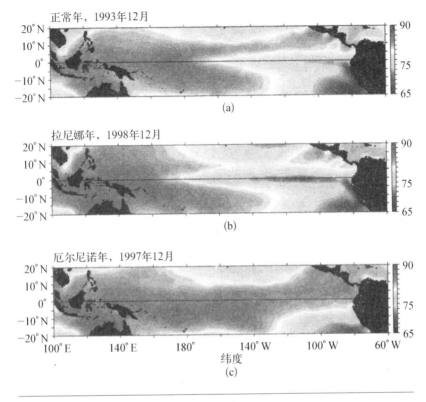

图 9.3　正常条件、拉尼娜条件和厄尔尼诺条件下温暖海水(深灰色，一般朝左)和寒冷海水的位置(浅灰色和黑色，一般朝右)

(a) 正常条件；(b) 拉尼娜条件；(c) 厄尔尼诺条件

图像来自 NOAA 的太平洋海洋环境实验室(PMEL)

强降水提供水分。拉尼娜现象给予印度洋上强烈的季风，以及澳大利亚北部的潮湿天气。2010～2011 年的拉尼娜现象是有记录以来最强的，造成昆士兰的香蕉作物颗粒无收。

典型的拉尼娜年发生在西太平洋出现低气压时。然而，有一些年份发生的原因仍然困扰着科学家——西太平洋和印度洋、印度尼西亚和澳大利亚的海面压力不断上升，而东太平洋气压却不断下降[图 9.3(c)]。信风减弱，甚至扭转方向，自西向东流动。当信风减弱时，海面温暖的水会向东回流，与南美洲海岸保持着一段距离并且在潮湿年份为那儿提供水分。渔业萧条是因为寒冷水域的海水不再向水面流动。由于这发生在圣诞节，南美洲的渔民发现这种现象时便给它取名"厄尔尼诺",意为"小男孩"或是西班牙语的"圣婴"。

尽管发生在南半球厄尔尼诺和拉尼娜现象的驱动力,其影响是全球性的。在厄尔尼诺年[图 9.4(a)],美国和加拿大北部地区沿其边界都是温暖的,有少于正常量的降雪。时值加拿大温哥华正举办 2010 年冬季奥运会,由于降雪不足,厄尔尼诺现象威胁到了奥运会的成功举办。美国西南地区厄尔尼诺年的冬季会更加潮湿,包括加利福尼亚中部和南部。相反,在拉尼娜年[图 9.4 (b)],美国的西北部和加拿大的西部都是寒冷的,美国南部则是最干燥的。

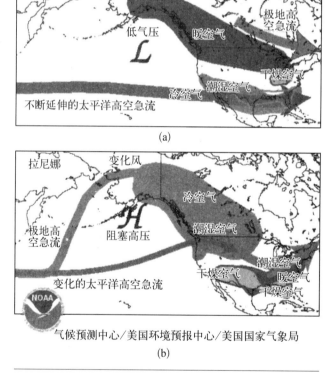

(a)

(b)

气候预测中心/美国环境预报中心/美国国家气象局

图 9.4 从温和到强烈的厄尔尼诺与拉尼娜现象的典型 1~3 月天气异常与大气环境

(a) 根据一个模型预测的厄尔尼诺对北美洲的影响;(b) 根据一个模型预测的拉尼娜对北美洲的影响
图像来自 NOAA

北半球的海洋-大气系统比南半球更为复杂,尤其是在北大西洋,因为存在一个与 ENSO 相关的现象,北大西洋涛动(the North Atlantic Oscillation,NAO)。天气情况在两种状态中"振荡",其中一种现象能显著影响欧洲天气,还有一种是在较小的程度上,影响美国东部和加拿大。事实上,防止飓风桑迪向东北运动的格陵兰天气系统大堵塞(在前一章中讨论过),全都来自 NAO。

欧洲的天气一般是由西风带驱动,从大西洋向欧洲输送潮湿的空气。为了解 NAO,这里再次使用上文描述过的浴缸模型,不过这次你的头放在格陵兰岛或冰岛南部,脚放在亚热带地区,如葡萄牙、直布罗陀或亚速尔群岛。在 NAO 的两种状态下,你头部的压力较低(冰岛西南部)而脚部的压力较高(亚速尔群岛)。这种涛动的周期没有名字,但被称为"正相"或"负相"。亚速尔高压自东向西来回移动,就像一个停在冰岛的钟摆在大西洋来回扫过。因为这种运动影响了高空急流的位置,因此其对欧洲及美国和加拿大东部的天气有着显著的影响。

当冰岛低压和亚速尔高压之间存在一个强大的压力差时,高空急流会携带冷空气并将其留驻在北方,西风会很强劲,而欧洲的夏季和冬季,以及美国东部海岸的冬季都会比较温和。这是涛动的正相。当条件进入负相,会出现较少和较弱的大西洋冬季风暴,但它们能跨越到更远的南方。冷空气流向欧洲北部,美国东海岸寒冷而多雪,使佛罗里达州的柑橘作物受灾。

天气是非常复杂的,由于天气现象比本书所讨论的还要多,并且它们以复杂的方式相互作用。所以,要作准确预报是很困难的。举个例子,在 2006~2007 年出现厄尔尼诺现象时,南加利福尼亚应该比同期更加潮湿,但它却以自 1877 年以来最干旱的历史而结束。在互联网上有许多预测图能够说明你所处地区可能产生厄尔尼诺和拉尼娜现象的条件,图 9.4 是我选择的一些,但这些都只不过是平均估计的条件。任意季节或年份可能会有巨大差别,是因为即使是最复杂的计算机系统,也无法将所有的当地变量和遥相关关系计算进来。

5. 旋转升腾

一个不可避免的有趣问题是:"像 ENSO、NAO 或其他循环现象是否会影响飓风和龙卷风的数量和强度?"答案是肯定的,但为了明白影响大小及为什么,我们需要知道一些这种大型风暴的动力学基础。

在世界上每一个大型海洋盆地中,热带气旋的额定严重程度(描述热带气旋的术语),因风的强度不同而不同。例如,在太平洋形成的热带风暴,当其风速达到 74 英里/小时并持续 10 分钟,就称为"台风"(在大西洋叫作"飓风")。

气候学家努力建立项目以研究气候变化对飓风的影响,因为有很多因素能够影响飓风的动力机制。由于同样的原因,气象学家在研究飓风的确切路径和强度上也出现了困难。影响飓风形成和强度的因素很多、很复杂,牵扯甚多,如海洋温度剖面是很难知道的。但主要因素是温暖水体的位置和丰度、飓风季节的大气结构,以及接近赤道的程度。

温暖的海水能够加速飓风的生成。一般海水的温度高于 80 ℉才能保证飓风的生成。在温暖水域,大气会变得温暖而湿润,给大气对流将水汽带入更高海拔提供了方便。这是雷暴的基本环境,是更大风暴的一部分。像大部分地球表面的水体一样,海洋的纵向温度逐渐降低。(踩着水的海洋游泳者能够了解他们的手臂和头可以处于温暖的海水中,而脚底所处的海水却非常冰冷。)类似这样浅而温暖的表面海水不足以引发飓风。温暖水体要影响风暴系统,它需要向下延伸超过 500 英尺。如果不是,正在酝酿的风暴能够混合浅表的暖水与较深处的冷水,使海水冷却,平均温度将低于 80 ℉的临界温度。

并不是所有的上升气流都会产生雷暴,更别说飓风了。大气条件必须是这样——水在上升的暖空气中凝结,就像蒸汽从茶壶嘴离开。这个过程,即是第八章中讨论的"释放潜热"的过程。这种热量立即加热更多的空气,加热的空气不断上升,推动更多的对流。

然而,对流会被大气中强劲的水平风所中断——一种被称为"风切变(wind shear)"的现象。这与飞机上飞行员和乘客所恐惧的乱流不太一样;乱流作用在垂直方向上,危及飞机,让飞机直接向地面砸去。破坏飓风的风切变是水平的;将烟囱口的烟吹散开来,阻住其垂直上升的也是这种剪切风。正是在这一点上,剪切风与厄尔尼诺有关联。

飓风的形成有几个过程,但西非撒哈拉沙漠的作用是迄今为止最引人注目的。干燥炎热的撒哈拉沙漠和温暖潮湿的几内亚湾国家,对飓风的形成起着至关重要的作用。大西洋多数(85%)的飓风正是在这里出现。并且令人惊讶的是,在穿越大西洋和加勒比海及中美洲之后,大量的气旋开始在东太平洋生成。每隔几天,可能升级为飓风的大气扰动自非洲向西运动,进入大西洋。当这些扰动遇到了加勒比海和墨西哥湾的温暖水域时,就会获得能量。

如果高空风能够从太平洋横跨墨西哥,进入墨西哥湾和加勒比海——比如在厄尔尼诺年——一股正在发育,向西移动的风暴,很可能因这些向东移动的高空风而逐渐减弱。将风暴的能量大范围地散播出去,是一个能够防止它发展成为大型飓风的过程。

飓风能够远离已经被干扰的天气系统而独立发展,地球上常见的风暴类型就是空气从高压区流向低压区。但是,正如我们在第八章中看到的,空气并不会径直地从高压区流向低压区。当条件合适时,科里奥利效应使风旋转成为邪恶的狂暴旋风,这也是飓风形成的前提。科里奥利效应在赤道不会使风发生偏转。但是远离赤道5°,这种效应就足以使风环绕低压区发展。

热带风暴的演变取决于所有以下因素。如果大气扰动太靠近赤道,便没有科里奥利效应;如果离赤道太远,便没有温暖的水体;如果大气中的水平风切变太强,萌芽中的风暴其顶端会被削弱;如果大气中的湿度太小,便没有足够的水分释放潜热。

相比于正常年或厄尔尼诺年,拉尼娜年中大西洋的飓风更加常见,例如2011年。从飓风艾琳的生命周期中,我们能够看到这些怪物般的风暴是如何发展的,而从飓风桑迪那疯狂的路径中,我们能够看到为什么天气预报和应急规划人员对这些风暴很是头疼。

正如多数大西洋飓风,艾琳在它的撒哈拉沙漠老家——非洲西北海岸以一个大鼓包的形式出现。撒哈拉沙漠以南是炎热潮湿的几内亚森林,以及加纳、布基纳法索、尼日尔、尼日利亚和几内亚湾海岸。大气中的非洲东风带高空急流将这两个不同的气候区域分隔开来。大约于2011年8月15日,艾琳于这股高空急流中上升成为热带气浪。在这个阶段,艾琳的风向在未来将会毫无规则,以小于25英里/小时的速度向四面八方散乱吹开。4天以后,风力开始增长并发展为环流运动;系统内的雷暴活动增加。不到一个星期,艾琳上升成为一股风速39英里/小时的热带风暴。8月22日,以70英里/小时的风速在波多黎各登陆之后,风暴立即升级为1级飓风。

热带飓风的特点是在海洋表面和大气之间的垂直温度梯度很大,温暖海水中的垂直对流会进一步增加温度梯度。如果艾琳在登陆过后停留在波多黎各,它会因为温水供应的切断而减弱。然而,艾琳回到海中,穿过巴哈马极度温暖的水域之后迅速增强,成为3级飓风。

飓风最突出的特点是其中心处的"风眼"(eye),一个纯净的低压区域,这里热风温和地向下吹,这类风暴叫作"暖核风暴"(warm-core storm)(图9.5)。"风眼"周围是"眼壁"(eyewall),一个很强的上风区。海洋表面温暖的海水不断朝眼壁内部螺旋上升。在上升过程中,水汽凝结提供大量降雨并释放潜热以加强对流。在眼壁的顶部,向外流动的气流将离开飓风(图9.5"热塔"结构),向内流动的气流将缓慢向下进入风眼,重新参与循环。

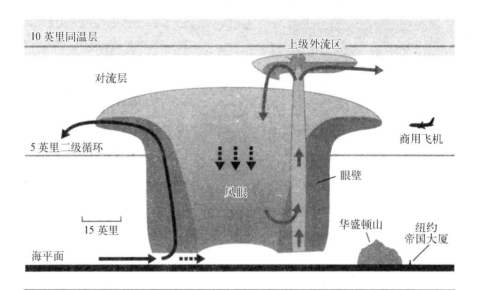

图9.5　飓风的结构

图来自NASA的哥达德太空飞行中心

许多风速超过 115 英里/小时的大型风暴会发展第二眼壁,使原来的风眼变成风眼内的风眼。艾琳也不例外。在一场巨人的战斗中,外眼壁进入,并堵住内部眼壁。这个过程被称为"眼壁置换"。在眼壁置换过程中,飓风会减弱,但在眼壁置换循坏过后,又会重新增强。艾琳从来没有真正地在这场战斗中痊愈,当它接近北卡罗来纳州外滩群岛时,减弱为 1 级风暴。然而,它仍然是一个强大的巨型风暴,在其离开非洲的两周之后,最终退至拉布拉多海之前,形成了大量降雨及骤发洪水,造成的损失超过 150 亿美元。

仅仅一年后,飓风桑迪以非同寻常并带来更多破坏的方式来袭。为什么桑迪如此与众不同?正如我们在第八章中看到的,区别之一是极地和亚热带急流的邪恶联盟,再加上由北大西洋涛动所引起的北大西洋天气系统大堵塞。这些气象特征将桑迪的碰撞轨迹引向范围更大的区域,远超过了飓风艾琳登陆时东部海岸防护设施的延伸范围。

其次,一股跟随在高空急流低压槽后并穿过美国的冬季风暴与桑迪发生碰撞,二者相互旋绕形成一股恐怖的风暴,风力旋转直径达 1 000 英里。当桑迪与极地急流的后倾槽中向南流动的冷空气相遇时,失去了它的热带暖核。请记住,在某种意义上,飓风的"目的"是将热量从温暖区域运输到寒冷区域以消除强烈的温度梯度。失去暖核的桑迪本应就此消逝,因为能够保持风暴正常运动的垂直温度梯度降低了。但是桑迪搭上了一个新的能量来源:温暖的热带空气和极地低压槽中冷空气之间的水平温度梯度。这是中纬度或"温带"风暴的动力。桑迪没有消亡而是失去了它热带风暴的特点,它变得充满活力,并转变成一股具有"冷核"的大型风暴,其旋臂吞噬了极地冷空气并向更远的地区席卷,成为"弗兰肯斯通"。

桑迪带来巨大破坏的第三个区别是过于接近海岸,并于涨潮时登陆。飓风推动水体形成一个大鼓包,朝海边前进——一股"波涛",而这股波涛又叠加在一道大浪的顶部。如果这一切发生在退潮时,涌进内陆的洪水可能只有几英尺高。涌入的海水夹带着保护大陆的堰洲岛的沙子和碎屑,并不断向内陆前进。对于东海岸城市的恢复或是设计未来减少飓风影响的计划,被摧毁的岛屿和海滩都提出了一个巨大的设计与修复的难题。

6. 有些能说，有些不能说，为什么？

1967 年，数学家和气象学家洛伦茨（E. Lorenz）[1]写了一部专著，书中他列出了一组方程，以描述大气行为，这走在了时代的前列。其中名为"问题"的一章中，哈德利（此人即我们在第七章所讨论的低纬度环流圈的发现者）引用如下一句话：

> 我认为，在所有这一学科的专著中，没有一个人能够完整地解释普通信风的成因。

甚至到了今天，人们对大气环境有了许多的了解，巨型超级计算机也在努力求解方程组，但一些问题诸如大气层如何运作、天气等小规模现象如何与全球环境等大规模现象相联系等，依然留待解决。

洛伦茨的挑战是写下方程组并将其简化，直到能够在有限的条件下解开方程，同时按照现代标准，使用计算机。大气系统本身就很复杂（特别是其垂直温度分布），与其他系统的交互过程、系统内部的运作过程也很复杂。阳光倾泻到大气中辐射的多少与纬度和时间相关。这种辐射会被吸收、发射、散射、反射。和一锅热汤中的漩涡一样，大气中不同大小的漩涡其转化能量的方式大致相同。在方程中获得这些过程的所有信息是不可能的。

洛伦茨将他所需要的用以描述大气行为的物理法则分为两组。第一组，即我们在第二章讨论的基本规律：质量守恒、动量守恒和能量守恒，以及大气中气体的状态方程。第二组定律包括描述作用于大气的力和大气的升温与变冷、水的蒸发与冷凝，云滴转换成雨滴或雪晶的定律。

洛伦茨的方程试图解决的是在给定的大气条件下——比如今天——预测其未来的状态。洛伦茨发现他的方程对大气初始条件的微小变化极其敏

---

[1]　提出了著名的混沌理论及蝴蝶效应。——译者注

感——在假设条件中,若一个地方给定的温度是 60 ℉或者 61 ℉,方程的解在前两周的变化就会出现显著的不同。这一困境显然会导致天气预报出现大问题。虽然已经取得了很大的进展,该方程预测未来的能力仍然是有限的。洛伦茨的成果奠基了一个强大的新科学,被广泛地称为"混沌理论"。

由于方程的复杂性,科学家通常会说他们的那一套总结性陈辞:"大西洋的飓风在拉尼娜年较为频繁。"但不会具体地说:"飓风艾琳是由拉尼娜引起的。"出于同样的原因,目前还不太可能绝对地将具体的天气事件归因于气候变化而不是气候多样性。大多数科学家现在都希望这样的联系成为可能,但这种能力迄今尚不存在。这样的挑战诞生了一个新的颇有争议的领域——"归因学"。

人类面临的挑战是困难的,因为一个特定的天气事件受许多因素影响。2010 年的俄罗斯热浪就是一个例子。对该事件的实例分析所得出的结论是:该热浪是自然气候多样性的结果,而不是天气变化。在另一项研究中,科学家试图确定 2011 年的 6 个极端事件能否归因于气候变化。泰国的洪水在 2 个月内淹没了曼谷部分地区近 10 英尺,判据则是该年降雨量是拉尼娜年的一般水平,但湄南河的河床条件和土地使用政策的变化使得这一地区,尤其是那一年,更容易发生洪水。气候变化并没有起明显作用。另一方面,印度洋-太平洋暖池区域的气候变暖似乎导致了非洲东部更加频繁的干旱,如索马里和埃塞俄比亚干旱,以及 2011 年的得克萨斯干旱。判据则是 2008 年和 2011 年中发生的极端高温天气次数大概是在 20 世纪 60 年代拉尼娜年的 20 倍。

7. 反思:预防原则

世界上 70% 的灾害几乎都由风暴和洪水造成。除了溺水而亡,干旱和洪水对农业和食物生产的影响也会增加因疾病、营养不良和饥饿而死亡的人数。高价的香蕉(图 9.1)可能只是澳大利亚人的一个小烦恼,但在这个人口不断持续增长的世界上,粮食安全是未来几十年的一个重大问题。很显然,未来食品价格的上涨将会影响地球上最贫穷的人——他们每天仅能依靠低于 2 美元的开销而勉强为生。

相对于自然气候多样性,人类引起的气候变化是否也加入了进来,明确这一点是至关重要的,因为这决定了我们是否要在这条将发生更多干旱和洪水的道路上一意孤行地越走越远,还是回到过去人与自然和谐共处的时代。纽约时报专栏作家、2008 年诺贝尔经济学奖得主克鲁格曼(P. Krugman)指出:"2011 年我们正处在第二次全球粮食危机之中,并将持续 3 年。由于美国正处历史上的通胀最低水平,美国人并没有感觉到粮食危机跟世界上的穷人有什么关系——这些穷人们的日常花销,甚至是他们的最高收入,只相当于美国人所吃的主食。"克鲁格曼强调:"排除美国货币政策和投机者等因素,近年来的恶劣天气,特别是 2011 年夏天,已经扰乱了农业生产。世界上 1/5 的陆地正在刷新高温纪录。"最后克鲁格曼总结道:"有证据表明,事实上,我们现在是第一次品尝到经济政治瓦解的苦果,而我们还将面对一个变暖的世界。"这样的声明阐释了为什么需要明确这个问题——相对于其他非人为因素,有哪些人类集体行为造成了我们地球家园的气温变化。

越来越多的政府和组织已经认识并采用了这个原则——"预防原则",来指导自己的行动。这一原则规定,如果一个行为或决策很可能对公众或环境造成危害,认为其无害的举证责任将落在采取行动的政府或组织身上,即使是在缺乏科学共识的前提下认为该行为是有害的。这一原则写进了欧盟的律法中,是 1987 年旨在保护臭氧层的蒙特利尔议定书的一部分,同时也是 1992 年里约会议("地球峰会")中的第 15 条。虽然提起"预防原则"并不会让人想起美国,但旧金山市同样通过了一项提议,要求市政府的采购政策建立在该原则上,包括从化学清洁剂到电脑的一切物品。由于各国对"预防原则"的重视程度不一致,产生了某些根本性分歧,从而难以促成全球气候变化协定。我们在决定如何使用这些影响气候、洪水和干旱的资源时还存在某些障碍,而这些分歧中明确的疑问,以及疑问的解决方案,可能会对打破这些障碍并做出明智决定有所帮助。

第十章　地球和我们

1. 拉奎拉：被审判的科学家

几个世纪以来，中世纪城市拉奎拉居民经常要从自己家撤离到附近的广场（或最近的地方，比如汽车里），等待一系列地震发生，并严格遵守着祖传的逃生法则。拉奎拉是意大利的地震多发中心。已知有记载的地震最早发生在1315年，1461年的地震造成了大范围的破坏，1703年的地震造成约5 000人丧生，另一次在1786年则造成超过6 000人丧生。1915年，20世纪欧洲最致命的地震之一发生在拉奎拉以南25英里，造成3万人丧生。从2008年夏天开始，小到中等程度的地震活动（小于4.5级）不断使地面咯咯作响，地震光以各种形式出现在城市周围。一位居民通过测量氡元素水平，以非官方的形式向市民们预报地震。虽然民防局以其煽动公众恐慌情绪而传讯此人并勒令停止其行为，但75 000名居民中有许多人已经开始变得焦躁不安。

2009年3月31日，在民防部门的组织下，6名来自国家大型危害预报与预测委员会的成员及来自国家地震监测中心的科学带头人在拉奎拉举行了一次会议。他们的任务是提供市民"科学界已知的所有近期地震活动的信息"。那些下令召开会议的政府官员还包括民防部门的副主席。

习惯于在封闭的会议上讨论的科学家，看到一些政府官员及公众出席了会议未免感到吃惊，这1小时的会议也因此变成了震群回顾。会议开始几分钟后，一位科学家说道："像1703年这样的地震在短期内是不可能发生的，但也不能完全排除可能性。"

　　仅仅过了一周,在 2009 年 4 月 6 日上午,灾难发生了。一场 6.3 级的地震震动了整座城镇。尽管坚守传统的老人可能已经撤离,但许多人仍留在城中。地震总计造成 309 人丧生,1 500 人受伤,65 000 人暂时无家可归。2 万幢很多可以追溯到中世纪的房屋被毁,部分原因是地震引起的液化。

　　2012 年 6 月,科学家和政府官员由于未能充分评估并向公众告知潜在风险,而被检察机关指控玩忽职守和过失杀人罪。他们被判处 6 年监禁,缴纳约 40 万美元罚款,并被免去公职。对被告人的上诉过程可能会持续到 2019 年。

　　一位居民这样评论这些科学家:"有些事情他们不知道,这就是一个问题;而不知道如何告知大众他们所知道的,这也是一个问题。"这个事件使科学家噤若寒蝉,不愿再与大众分享他们的专业知识。世界各地的研究者,通常会警

图 10.1　2009 年拉奎拉地震后倒塌的政府建筑

图片来自维基百科

惕被新闻媒体断章取义,而且比往常更加警惕记者或政府官员错误地理解他们为公众所作的风险分析。如果科学家担心因沟通不善而出现报复性事件,他们很可能会选择完全不进行沟通,这对于减少灾害对公众的影响简直是一个悲剧。公众心中可能会出现预测地震弊大于利的想法。

　　拉奎拉一案说明了本书中所述的许许多多针对科学家与公众的问题,特别是前几章中的"反思"一节:对于一场特定的灾害,什么情况是我们知道的,什么又是我们不知道的? 换句话说,哪些是已知的已知,哪些是已知的未知? 对于一件发生概率很低却后果严重的事情,诸如地震、泥石流、火山爆发、海啸、飓风、龙卷风等灾害,科学家又如何与公众沟通? 当验证过的新证据出现后,我们要如何引导公众认识到有关科学结论总是不断变化的本质? 科学家如何卓有成效地与媒体互动,包括政治家和其他社区主任? 在写这篇文章的时候,答案也是在不断变化的。

2. 现代社会的风险

　　20 世纪下半叶出生的我们,见证了人类与地球上其他生物在生物与物理关系方面的深刻变革。20 世纪初叶,我们的星球仍然拥有真正的岛屿:在那新的土地、新的谜团、新的冒险、新的文化、新的资源背后,是一片崭新的未知领域。直到最近,灾害——甚至末日灾难——似乎还是发生在"别处"的事情。在 20 世纪末,受到科学技术、国际交流及人口爆炸的影响,这些岛屿和那些未知领域已经融入了这颗毫无缝隙的星球当中。我们挤在一个 70 亿人的世界,而到了 2050 年将有 90 亿人生活在这颗星球——他们当中许多人都将生活在自然灾害频发的危险地区。有绝对数量的人类坚信,在这个拥挤的星球上,会有越来越多的人生活在危险地区,因此未来自然灾害的种类会越来越多,规模越来越大。

　　不出 100 年,就足以发生粮食短缺和大型火山爆发,中断我们的经济和生活方式。世界上每隔几年,与 2010 年艾雅火山相当的爆发就会发生一次,艾雅火山的爆发告诉了人们,一场灾害无论多小,都可以造成全球性的经济影响。先是艾雅火山,然后又是 2011 年的东日本大地震(海啸),这类每几年或几十年发生一次的自然事件,能够中断全球贸易和生产力长达好几年,如果好景不长,一些人的生命也将被永远终结。如今,生活在灾害频发土地上的人口不断增加。维持这颗星球上文明社会的挑战正变得愈加复杂。

在这个大背景下,科学家的责任,尤其是地球科学家,变得更加重要。虽然一门学科总有留待讨论与争辩的地方,但是这些研究自然灾害形成机制的科学家不应再将他们自己与研究得出的社会后果孤立起来。为了社会福祉,科学家应当理智地利用他们的专业知识,这是他们义不容辞的责任,而公众也会受到他们研究成果的影响,并参与到这些知识的交流中来。

文明是一项脆弱的事业:我们非常依赖良好的全球气候、丰富的自然资源、稳定的地质状态及社会格局。但是地质状态并不总是稳定的,不过一般情况都无伤大雅,甚至讨人喜欢,而地貌状态能够瞬间改变,给人类造成威胁。当不稳定的因素出现时,我们很容易受到灾害带来的损失。我们社会的脆弱性是由我们想当然地认为星球是稳定的,资源是无限的,以及我们现行的政治制度和对未来的短视而综合促成的。

或许是天性使然,人类并不太关注长远的问题,而只注重我们自己、我们的孩子,或许还有可能关心到我们的孙辈。这种短浅的观点使得想要对接下来的 50 年进行规划都很困难——而 100 年几乎是不可能的——特别是那些因不可见的自然事件带来冲击,而有必要改善的全球性规划。

为了明白这件事,我们一定要看看日本民众、领导人、科学家和工程师们,当他们不停地在为从 2011 年发生的地震和海啸中恢复过来而努力时,所面对的各种复杂问题。他们的土地肥沃而宜居,但在几十到 100 年内一定还会再经历一场劫难,他们在这个拥挤的国度里做些什么?东北地震和海啸使得日本岛上所有的核反应堆被迫关闭,因为防止污染的解决办法之一便是无核化。不到一年,时任日本首相野田佳彦在计划即将到来的湿热夏季时,说道:"关闭或中断所有核反应堆将会使得日本社会在艰难中前行。"回顾 1991 年皮纳图博火山喷发时菲律宾人的遭遇,以及海地人民在 2010 年地震发生后的灾后重建,日本人最令人深刻的印象是,灾后重建工作是如此令人气馁。日本人已经,也将继续做新能源的先驱——在这资源有限的岛屿中与自然灾害共存。世界上如这般需要新动力的地区,其规模和数量正在与日俱增。

系统中的能量形式发生变化,自然灾害和潜在灾害就会发生——大多数的自然灾害中,有些是具有毁灭性的,而大多数的隐形灾害中,有些是渐进的。能量形式的变化导致系统状态的变化。有时这些变化的发生并不会显著地影响人类,有时却会对人类产生巨大的影响。这使我们有必要了解何处何时对我们的影响是显著的以及系统会向何方向演化。即便地质活动可能超出我们的控制范围,我们仍可以节制我们的行动,并选择那些不会明显造成伤害的行为。遵守预防原则,避免对公众或环境造成危害,即使没有科学共识,这也是明智、人性化的。

对自然灾害和隐形灾害采取行动的呼吁并不是最近才出现的;联合国大会(the United Nations General Assembly,UNGA)就曾宣布 1991~2000 年为国际减轻自然灾害十年(the International Decade for Natural Disaster Reduction,IDNDR)。然而,这样的呼吁亟须掷地有声地、明明白白地、深谋远虑地不断向人们重复,这是当务之急,因为生活在自然灾害威胁之下的人口正在以巨大的数量不断增长,并且,当我们在不断突破这颗星球生活环境的极限时,人类成长的经济负担也在不断增加。帮助那些易受自然灾害威胁的人们,包括地球上最贫困的地区,同时,不仅仅要保护我们自己,也要保护那些离我们很近但伸手援助时却又超出我们界限的人们,这是我们道义上的责任。下一节中,我将告诉大家我们当中的小团体是如何考虑这些问题的。

3. 关于建立全球灾难防控机构的倡议

在许多灾害发生之后,人类有两种选择:坐以待毙,或修复并适应地球给予我们的一切。假设我们不想坐以待毙,选择修复并适应,那么,在全球范围内,我们需要一个巨大而睿智的领导团体;为研究、教育和政策制定而建立的巨大数据库;以及世界各地每个个体的个人承诺。

在序言和第一章中,我提出了若干问题,现在是时候来解决当中几个了:

在这个越来越拥挤的地球上,如何将未来可能发生与过去已经发生的自然灾害对我们生活的影响进行比较? 从我们的统计数据来看,会不会使自然灾害的规模与种类发生恶化? 人类是否知晓一切? 而我又知道这一切的哪个小部分? 我怎样才能从这总体智慧中获得知识,让生命中不知的未知更少? 我怎样才能将我所知道的融入总体知识框架,使之为他人所用?

我有一项与四位地质学界的同事与朋友工作的"伟大特权",他们分别是近 30 年来我们一直在处理社会所面临的核心问题。切兹沃思(W. Chesworth)、帕尔默(P. Palmer)、里坦(P. Reitan)、泽恩(E. Zen)。和这四个"聪明人"一起,加上我的导师和我,花了无数个日日夜夜、分分秒秒,思考人与地球资源、人与自然灾害及人与悄悄降临人间的新型隐形灾害之间的关系。在我们思考这些问题的时候,2002、2003 年的非典疫情和 2005 年禽流感疫情,戏剧性地阐释了我们人类种群的全球互通性与脆弱性。如果没有对 SARS 病情的快速检测和确认,以及疾病控制与防治中心(the Centers for Disease Control and Prevention,CDC)和世界卫生组织(the World Health Organization,WHO)等组织积极的监测和治疗,SARS 与流感等灾难性流行病可能早就发生了(或者以后仍有可能发生)。监测显示,在初期没有控制措施的情况下,个别 SARS 病毒携带者各自在中国香港和新加坡感染了 3 人。由于采取了控制措施,传播率下降了。在开始进行治疗措施的城市中,有了这四个关键措施——检测、确认、积极监测、治疗——这一流行病已经不再出现疫情了,至少暂时是这样。这些疫情和采取的行动,在我们的讨论中引发了许多想法,我将在接下来进行讲述。

我们考虑过将 SARS 和禽流感爆发与我们的自然灾害进行类比。一个主要的相似之处,地球科学家也了解许多——正如流行病学家研究 SARS 和禽流感时那样——关于灾害产生的问题和起因。地球科学家了解这些灾害是如何酿成的。同时也有大量证据表明,几乎所有人都知道人类正在如何——明智地或是愚蠢地——处理酿造灾害的祸因。这个地学知识系统由各个学科及其分支中的一个个小知识汇编而成,人们将这些小知识组成的一块块经验石砖,给这座大厦添砖加瓦——一座由学术期刊、书籍、互联网中的出版物和私营、公共部门的服务所组成的大厦。

缺乏知识不是个问题。随着时代的发展,对于社会中任何想要获取知识的人,这个地学知识系统是非常容易获取的。在美国,个人想要获取地学知识最好的方式就是在网络中搜索所在州的地质调查局(例如伊利诺伊州地质调查局)或国家(美国)地质调查局,该局在全国都设有区域办事处,以应对各类地质方面的问题。当然,很多其他国家的政府也在各自的州或省设置有类似的机构。

现在我来示范一遍,如果你生活在美国一些易发生地震、火山爆发、洪水的地区,搜索地质调查局将会发现什么。你会找到文件、地图,最有可能的是一些建议。你会发现,地质学家,甚至有可能是一些工程师,能够和你谈论你的情况。长久以来,这些机构一般都拥有恰当的途径向公众提供服务。他们也有程序,以确保他们正式公布的材料尽可能准确。在美国地质调查局工作的十几年中,每一份出版物——无论是一份将呈交正式科学会议的摘要、一张地图、一份呈递给同行评议杂志的论文还是为市民准备的材料——事无巨细,都必须在机构内经过内部同行评议并经过"主管批准"之后,才被允许发送给公众或者科学期刊(在这里将接着进行外部学界的同行评议)。许多人认为这些内部程序太过严厉,但这样才能保证出品高质量、精确、可靠的产品。

一些有天赋的科学家时而能够与公众互动,鼓舞大家,但当面对这样或那样的任务,要求防止或减少灾害所带来的后果时,他们并不能做得那么好。我们的科学家都不是土木工程师,不像他们那样可以设计并实施解决我们发现的漏洞。尽管有许多例子告诉人们科学家与工程师可以投身政坛,但无论是科学家还是工程师,都无法坐在决策人的位置上。

对我来说,拉奎拉事件对居民和参与的科学家都是一场悲剧。错误的事情跟着这场悲剧接踵而来。拉奎拉的老百姓和检察官都明白这个时代的人类还无法预测地震;错误地预测地震并不能成为指控过失杀人的依据。相反,在交流、规划、实施方面似乎出现了裂痕,特别是制定和执行能够经受住明显的地震危害的建设实践方面。拉奎拉事件证实灾难处理方面存在的共性问题。

为了应对未来全球性灾害发生所带来的问题,就需要全世界大部分人一道,组成各自不同的环节:提供公正事实和不确定性的科学家;建议并实施技术解决方案的工程师;管理成本的金融家;平衡政治、经济、宗教和文化价值观的谈判专家;一旦对某点建议达成一致,能够确保其得到传播、实施和保障,并对所有影响都能积极响应的引导者、传播者和实施者;以及这之中可能最重要的是教师和学习者。

以下是几个现存机构的例子,他们如果能够相互协调,便能为以综合的方式应对自然灾害提供一个模板:

科学家和工程师。在美国,国家科学院、国家工程院和医学研究院的代表们,日常工作便是与世界各地的同行讨论他们关心的问题。他们的讨论没有任何限制,但肯定涵括了自然灾害。

金融家。目前在许多国家的非政府部门中,灾害代偿主要是通过保险行业处理。不幸的是,世界上太多的人享受不到保险,或根本无法承受。虽然保险是一种古老的概念,但现代保险业——主要通过保险和再保险以应对灾害——却是始于 1666 年伦敦大火之后。然而 21 世纪初发生的一系列发人深省事件告诉人们,保险行业现有结构中的种种漏洞必须得到纠正。

谈判专家。全球应对灾害的努力,通过谈判表明承诺与质疑。1989 年《蒙特利尔议定书》规定了要求减少大气中危害臭氧层的氯氟烃水平,是一个非常成功的协议。如果协议坚持实行,臭氧层将于 2050 年恢复到自然水平。争议性和公开性并存,政府间气候变化专门委员会(Intergovernmental Panel on Climate Change, IPCC)代表的是各领域领导人的不断努力,通过各行业丰富的公共投入,以解决气候变化这一重要的当代问题。

引导者、传播者和实施者。通过天气预报员直接向公众播报,气象科学家成功地向公众传达着信息。然而,把沟通的责任落在非科学家身上,很可能会重蹈拉奎拉事件的覆辙。与官员和公众进行清晰且适当的交流很有必要,因为只有到那时我们才能指望上有合理的行动纲领可以遵循。例如,公民、城市规划委员会及施工人员必须了解相应的建筑规范和实施细则的来由。有时候沟通可以通过政府机构的代言人来完成,有时通过民防机构。在执行建筑规范等程序时,要求检查者正直勤奋。美国国民警卫队和加拿大和平卫士,他们作为复杂的国内、国际和全球问题的政治和人权调解人的角色,提供了一种执法职能的模式。

教师和学习者。 这里包含教授与学习的各个层面,从正式到非正式,到人际交流、社区会议及迅速发展的新学习平台,诸如 Wikimedia 和 Coursera 等。我们既是教师,我们也可以是学生。加州的防震减灾模型值得世界学习。互联网可以确保信息到达遥远的世界各地。没有相关人员的启发而做出明智的选择和行动几乎是不可能的。

为了使我们的进一步思考系统化,以思索出一个能够解决我们所认识到的全球性需求的有机体,我们(我将我们这个小团体称为“智者+1”)调查了大量机构的运作方式,最终使用美国疾控中心的运作方式作为我们的模板。我们创建了一个假想的能够解决危害的全球性机构并戏称它为“CDC-PE”——全球灾难防控中心。

根据 CDC 的运作方式,可认为 CDC-PE 是一个全球规模而不是国家规模的机构,我们建议:

设想的 CDC-PE 应认定为一个世界领先机构,能够保护地球和它的居民以长期的健康和安全,提供加强所有与地球资源和生产决策相关的可靠信息,通过强有力的国际合作促进人们合理利用地球自然环境的和谐生活。CDC-PE 是一个发展和应用节能理念的国际中心,促进旨在提高地球人类继续生存条件的教育活动。

再次,我们大致借鉴了CDC,建议在执行其职能时,CDC-PE应该有以下六个核心功能:

1. 管理信息。通过评估地球的地质过程、资源和灾害等数据,包括我们已知的及数据中的不确定的事物;评估发生趋势;模拟并制定如何进行研究与开发的议程。

2. 制定、验证、监控并寻求适当的实施标准。例如,资源的使用、废物的处置、土地的使用和土地的人为改造——特别是在地质灾害多发地区。

3. 加速变革。通过技术和政策的支持,促进合作和行动,并促进增强可持续的全球生产力。

4. 通过谈判维持当地、国家和全球性的伙伴关系。

5. 宣讲前后一致的、合乎道德的、有理有据的政策及宣传方式。

6. 提供关于地球的最佳科学数据。包括其资源和危害,并以某种形式,使得个人、政策制定者、教育者、学习者均可以使用。

在全球范围内,任务的艰巨性和长期性需要长期性机构的资源来应对灾害,有了它们,我们便能够在所要求的大尺度、长时间内传授我们的知识。这就对本书之前留待的问题给出了答案:有了现代技术,我们能够将我们每个个体所知道的知识嵌入人类集体知识框架,并利于他人,我们可以依照这些知识去行动,在这个星球上创建更好、更安全的生活。每种活动总能以某种方式起作用——时而消极,时而积极,时而无足轻重,时而后果巨大。

CDC-PE只是引导我们思考一个抽象的概念,总结一下,我们认为它必须是:① 全球的;② 可靠的;③ 有科学基础的;④ 对政治、经济、宗教和文化价值敏感的。事实上,联合国设有一个灾害风险办公室,旨在实现这些目标,但即便是通过他们的科学和技术委员会,他们也表示需要更好的机制来将科学和技术纳入政策和实践当中。个别地,我们可以将这些概念应用到我们生活中的任何地方,我们可以"思考全球化,行动地方化","对待你自己一样对待邻居"，遵循"凡事预则立，不预则废"的原则，这是古代的智慧，是生活中的预防原则。如果我们有集体的意愿，思考我们自己和这颗行星的关系，并达到"地球CDC"的规模，我们便能够大大减少灾害对我们的影响，减少我们对这个星球上资源的影响。

注　释

前言

1. *Merriam-Webster's Collegiate Dictionary*, "disaster" entry, accessed February 10, 2013, http://www2. merriam-webster. com/cgi-bin/mwdictsn? book ＝ Dictionary&va ＝ disaster.

第一章

1. W. Durant, "What Is Civilization?," Ladies Home Journal, January 1946.

2. T. Frank, "'Disasters' Strain FEMA's Resources," USA Today, October 24, 2011, http://www. usatoday. com/news/washington/story/2011 – 10 – 23/disasters-strain-fema-funds/50886370/1.

3. Ibid.

4. J L, Warren and S. Kieffer, "Risk Management and the Wisdom of Aldo Leopold," Risk Analysis 30, no. 2(2): 165 – 174.

5. See, for example, S. W. Kieffer, P. Barton, W. Chesworth, A. R. Palmer, P. Reitan, and E. Zen, "Megascale Processes: Natural Disasters and Human Behavior," in Preservation of Random Megascale Events on Mars and Earth: Influence on Geologic History, Geological Society of America Special Papers 453, ed. M. G. Chapman and L. P. Keszthelyi (Boulder, CO: Geological Society of America, 2009), 77 – 86.

6. World Bank and United Nations, Natural Hazards, UnNatural Disasters: The Economics of Effective Prevention (Washington, DC: World Bank, 2010).

7. 世界银行报告中的"灾害"和"灾难"两个术语的含义与我在本书中的所指有所不同。

8. US Department of Defense, "DoD News Briefing—Secretary Rumsfeld and Gen. Myers," February 12, 2002, http://www. defense. gov/Transcripts/Transcript. aspx?

TranscriptID＝2636.

9. "Foot in Mouth Award: Past Winners," Plain English Campaign, accessed December 10, 2012, http://www. plainenglish. co. uk/awards/foot-in-mouth-award/foot-in-mouth-winners. html.

10. 引自苏格拉底在法庭上的辩护词,见于柏拉图的《对话录》。

11. 我这里忽略了"未知的已知"的范畴。关于这个主题,更多的讨论可以参阅哲学家 S. 齐泽克的一个视频讲座"虚拟的现实",该视频由 B. 赖特于 2004 年拍摄。

12. D. K. Chester, "The 1755 Lisbon Earthquake," Progress in Physical Geography 25, no. 3 (2001): 363 - 383.

13. 纳西姆·塔勒布,黑天鹅:极罕见事件的影响,第二版. 纽约:企鹅出版社,2010。这里的黑天鹅指一个概率很低但后果很严重的事件。人类社会对此类事件往往毫无防备——如 2001 年 9 月 11 日的恐怖袭击、东日本地震和海啸。但在此之后,这些事情在一定程度上成为了可预测的事件。作为一个社会,应对"黑天鹅"的目的,或者将"黑天鹅"变为"白天鹅"的目的,是识别并圈定易损区域。

14. 最近出版的一些书中已经在讨论灾害预防持续不足的问题,包括阿曼达·里普利的《不可思议:当灾难袭来谁能幸存及原因》(纽约皇冠出版社,2008),以及纳西姆·塔勒布在《黑天鹅》中对罕见事件对人和其组织机构的不同影响的讨论。

15. 这里我强调的是最近几万年发生的事件,不是长达 40 亿年的地质历史上的事件。

16. S. W. Kieffer, "Geology: The Bifocal Science," in The Earth Around Us: Maintaining a Livable Planet, ed. J. Schneiderman (San Francisco, Freeman Press, 2000), 2 - 17.

第二章

1. J. Samenow, "NOAA: 2011 Sets Record for Billion Dollar Weather Disasters in the U. S. ," Washington Post, December 7, 2011, http://www. washingtonpost. com/blogs/capital-weather-gang/post/noaa-2011-sets-record-for-billion-dollar-weather-disasters/2011/12/07/gIQAjD9kcO_blog. html.

2. 断层附近的地震及其余震数月来持续摇晃已经被削弱的城市基础设施,其中包括一次造成 179 人伤亡的 6.3 级地震,倒塌的建筑已经在此前的 2010 年 9 月的地震中损毁。

3. Pronounced "AYE-ya-FYAH-dla-JOW-kudl," with the capitalized syllables more heavily accented. F. Sigmundsson, S. Hreinsdóttir, A. Hooper, T. Árnadóttir, R. Pedersen, M. J. Roberts, N. Óskarsson, et al. , "Intrusion Triggering of the 2010 Eyjafjallajokull Explosive Eruption," Nature 468(2010): 426 - 430.

4. Oxford Economics, "The Economic Impacts of Air Travel Restrictions Due to Volcanic Ash: A Report Prepared for Airbus, 2010," accessed December 3, 2010, http://

www. oxfordeconomics. com/OE_Cons_Aviation. asp.

5. BBC News, "Ash Chaos: Row Grows over Airspace Shutdown Costs," April 22, 2010, http://news. bbc. co. uk/2/hi/uk_news/8636461. stm. The following earlier paper considered the changing nature of regional-scale effects: D. M. Johnston, B. F. Houghton, V. E. Neall, K. R. Ronan, and D. Paton, "Impacts of the 1945 and 1995 - 1996 Ruapehu Eruptions, New Zealand: An Example of Increasing Societal Vulnerability," *Geological Society of America Bulletin* 112(2000): 720 - 726.

6. Technically, in an *isolated* system.

第三章

1. 尽管 1935 年提出的里氏震级标度已为公众所熟知,但它在 20 世纪 70 年代仍被 "矩震级"标度所取代。里氏震级是地震仪记录的地震波振幅以 10 为基的对数值。矩震级 标度的提出是为了解决里氏震级在描述大地震方面的不足,它通过对岩石刚度、断层破裂 面积和位移量的估算获得。在任一标度中,对数标度增加 1 对应着地震波的振幅增加 10 倍,或者释放的能量增加 31.6 倍(1 000 的平方根值)。在本书中,地震震级一般情况下指 矩震级。

2. Survivor Frantz Florestal, as reported in J. Sturcke, "Haiti Earthquake: Survivors' Stories," *Guardian*, January 14, 2010, http://www. guardian. co. uk/world/2010/jan/14/ haiti-earthquake-survivors.

3. 海地政府官方公布的死亡人数是 316 000 人。科尔伯等根据入户调查得出的死亡 人数是 158 679 人,而美国国际开发署的报告认为死亡人数只有 46 000 人。对准确估计海 底地震死亡人数困难性的分析,参见 M. R. O.康纳:两年后,海地地震死亡人数的争议. 哥伦比亚大学新闻评论:新闻背后, 2012 年 1 月 12 日. http://www. cjr. org/behind_the_ news/one_year_later_haitian_earthqu. php? page=all.

4. 基督城地震有时被称为"坎特伯雷地震"。坎特伯雷是新西兰南岛最大的区;基督 城是坎特伯雷最大的城市。

5. 这里的统计数据来自美国地质调查局,历史性世界地震:中国,http://earthquake. usgs. gov/earthquakes/world/historical_country. php♯china. 1920 年海原里氏 8.5 级地震 (也称 1920 年甘肃地震)的死亡人数是 20 万人,实际可能多达 27.3 万人。1976 年唐山里 氏 7.8 级大地震的死亡人数估计有 20 多万。2008 年,近 7 万人在四川里氏 8.0 级地震中 死亡,2010 年玉树里氏 7.1 级地震死亡人数近 3 000 人。

6. 对于所有在冰河期结束不久后存活下来的人来说都是一样的。

7. For a more detailed discussion of earthquakes, see, for example, R. S. Yeats, K. Sieh, and C. R. Allen, *Geology of Earthquakes* (New York: Oxford University Press, 1997).

8. R. H. Sibson, "Brecciation Processes in Fault Zones: Inferences from Earthquake Rupturing," *Pure and Applied Geophysics* 124, nos. 1 - 2 (1986): 159 - 175.

9. 弓和弦,新南威尔士大学(http://www. phys. unsw. edu. au/jw/Bows. html;2012年12月23日)。小提琴家把松香涂在马鬃弓上的目的是提高弓和弦之间的摩擦力,使弓能把弦拖拽的振动起来产生音响。

10. H. Kanamori and E. Brodsky, "The Physics of Earthquakes," *Physics Today* 54, no. 6(2001):34-40.

11. D. M. Russell, "How Long Was the Haiti Earthquake from Jan 12, 2010?," *SearchReSearch* (blog), February 11, 2010, http://searchresearchl. blogspot. com/2010/02/answer-how-long-was-haiti-earthquake. html.

12. R. Bilham, "Lessons from the Haiti Earthquake," *Nature* 463(2010):878-879.

13. T. Lay and H. Kanamori, "Insights from the Great 2011 Japan Earthquake," *Physics Today* 64, no. 12(2011):33-39.

14. 对于一般的科普性读者而言,关于这次地震的权威信息可以参见:http://outreach. eri. utokyo. ac. jp/eqvolc/201103_tohoku/eng。这里的详细报告引自 C. J. 阿蒙、T. 莱,H. 金森和 M. 克利夫兰所著的《2011 年东日本海大地震破裂模型东北太平洋海岸的地震破裂模型》(地球、行星和空间,2011,63:693-696)。

15. 一个很好的网页参见:http://www. seismology. harvard. edu/research_japan. html,其中有石井米阿克(Miaki Ishii)制作的动画。

16. 750~800 英里长,125 英里宽。

17. S. Stein and E. A. Okal, "Speed and Size of the Sumatra Earthquake," *Nature* 434(2005):581-582; M. Ishii, P. M. Shearer, H. Houston, and J. E. Vidale, "Extent, Duration and Speed of the 2004 Sumatra-Andaman Earthquake Imaged by the Hi-Net Array," *Nature* 435(2005):933-936.

18. 众所周知,1935~1948 年,包括抗日战争期间,毛泽东和中国共产党的主要领导人就住在这些窑洞里。

19. 2011 年东日本大地震期间,在东京的一个花园里发生过惊人的一幕,干燥的地面突然变得潮湿,没几分钟就出现了一个喷泉,水沿地震产生的裂缝喷出地面超过 1 英尺高。

20. 这个描述综合了 1811~1812 年新马德里地震和 1906 年旧金山地震目击者的描述。附加信息引自 L. 布林格尔(Bringier)的文章《密西西比河流域地质、矿产、地形、产业和土著居民》[美国科学杂志,1821(3):15-46]。美国地质调查局估计这些震级的震级为 7.8~8.4 级,这使得其成为美国大陆有记载的最大地震(阿拉斯加曾有一个更大的地震)。然而,塞斯斯坦认为这些估计不正确,认为其震级仅只有里氏 6.8~7.0 级,其他一些人也持类似观点。关于新马德里事件的全面描述及未来地震发生概率的争论参加塞斯·斯坦所著《灾难递延:新科学如何改变我们对中西部地震灾害的看法》(纽约:哥伦比亚大学出版社,2010 年)。

21. 在这里的原住民中可能会有口传,比如在契卡索人中。参见《Reelfoot 湖(美国田纳西州的堰塞湖——译者注)的传说》(http://www. ecsis. net/dsv/lakecounty/reelfoot/legend. html;2012 年 12 月 22 日)。

22. C. A. von Hake, "Missouri: Earthquake History," *Earthquake Information Bulletin* 6, no. 3 (May-June 1974), *http://earthquake.usgs.gov/earth quakes/states/missouri/history.php.*

23. D. Zhang and G. Wang, "Study of the 1920 Haiyuan Earthquake-Induced Landslides in Loess (China)," *Engineering Geology* 94(2007): 76 – 88.

24. I. Thono and Y. Shamoto, "Liquefaction Damage to the Ground during the 1983 Nihonkai-Chubu (Japan Sea) Earthquake in Aomori Prefecture, Tohoku, Japan," *Natural Disaster Science* 8, no. 1 (1986): 85 – 116.

25. N. N. Ambraseys, "Engineering Seismology," *Earthquake Engineering and Structural Dynamics* 17(1988): 1 – 105.

26. B. H. Fatherree, "New Vistas in Civil Engineering, 1963 – 1980: Soil Mechanics and Earthquake Engineering," in *The History of Geotechnical Engineering at the Waterways Experiment Station 1932 – 2000* (US Army Corps of Engineers, 2006), chap. 10, http://gsl.erdc.usace.army.mil/gl-hi story/Chap10.htm.

27. J. Broughton and R. Van Arsdale, "Surficial Geologic Map of the Northwest Memphis Quadrangle, Shelby County, Tennessee, and Crittenden County, Arkansas," *U. S. Geological Survey Scientific Investigations Map* 2838 (2004).

28. Reported in D. Finkelstein and J. R. Powell, "Lightning Production in Earthquakes" (paper presented at the 15th General Assembly, International Union Geodesy and Geophysics, Moscow, 1971).

29. J. S. Derr, "Earthquake Lights: A Review of Observations and Present Theories," *Bulletin of the Seismological Society of America* 63 (1973): 2177 – 2187.

30. A YouTube video at http://www.youtube.com/watch?v = f14pQakxXjc (accessed April 23, 2013) records these fantastic lights during the 2007 Pisco, Peru, magnitude 8.0 earthquake.

31. 在断层带,假玄武玻璃有时被称为"糜棱岩"。

32. A. Lin, *Fossil Earthquakes: The Formation and Preservation of Pseudo-tachylytes*, Lecture Notes in Earth Sciences 111 (Berlin: Springer, 2007), 38.

33. S. J. Shand, "The Pseudotachylyte of Parijs (Orange Free State), and Its Relation to 'Trap-Shotten Gneiss' and 'Flinty Crush-Rock,'" *Geological Society of London Quarterly Journal* 72 (1916): 198 – 221.

34. Ibid.

35. See review by J. Spray, "Pseudotachylyte Controversy: Fact or Fiction?," *Geology* 23 (1995): 1119 – 1122.

36. Ibid.

37. 甚至本身不是黑色的矿物质在亚微观纳米结构下也会呈黑色。

38. 从学术上讲,磁场持续的时间就是使这种材料冷却到不能记录磁场的温度,这一温度被称为居里点。对于纯的磁铁矿,居里点约为 1 050～1 200 ℉,随着地球深度和压力的增加,居里点值会增加。

39. F. Freund, M. A. Salgueiro da Silva, B. W. S. Lau, A. Takeuchi, and H. H. Jones, "Electric Currents along Earthquake Faults and the Magnetization of Pseudotachylite Veins," *Tectonophysics* 431 (2007): 131 - 141; E. C. Ferré, M. S. Zechmeister, J. W. Geissman, N. MathanaSekaran, and K. Kocak, "The Origin of High Magnetic Remanence in Fault Pseudotachylites: Theoretical Considerations and Implication for Coseismic Electrical Currents," *Tectonophysics* 402 (2005): 125 - 139.

40. D. McKenzie and J. N. Brune, "Melting on Fault Planes during Large Earthquakes," *Geophysical Journal of the Royal Astronomical Society* 29 (1972): 65 - 78.

41. Kanamori and Brodsky, "Physics of Earthquakes."

42. The most recent USGS maps are available as PD files from the USGS: M. D. Petersen, A. D. Frankel, S. C. Harmsen, C. S. Mueller, K. M. Haller, R. L. Wheeler, R. L. Wesson, et al., "Seismic-Hazard Maps for the Conterminous United States, 2008," *US Geological Survey*, December 27, 2011, http://pubs.usgs.gov/sim/3195.

第四章

1. 关于这个滑坡过程的精彩描述和图解参见格雷格森所著《挪威里萨流黏土滑坡:滑动过程与失稳模型讨论》,挪威岩土工程研究所出版物 135(奥斯陆:挪威岩土工程研究所,1981,电子版:http://www.ngi.no/upload/6485/Rissa_Quick_Clay_slide_NGI%20Publ.135.pdf)。本书此处直接引自该文。挪威岩土工程研究所将该内容制作成了英文视频(http://www.youtube.com/watch?v=3qqfNlEP4A)。该视频中不仅有里萨滑坡的连续画面,而且有流黏土特性的实验演示。尤其使人印象深刻的是通过加盐把液态流黏土变回固态的演示。

2. 滑坡开始时是一部分库积泥土滑入湖中。40 分钟内,先后有几个小的滑坡相继滑向湖中。每一个小滑坡都成了完全液化的流黏土,泥石流像流水一样涌入湖中(格雷格森,挪威里萨流黏土滑坡)。受影响的区域最初只有约 1 500 英尺长,并且如果此时停止滑动,它将只是在挪威经常发生的许多小型流黏土滑坡之一。正是在此时,更大的灾难开始了,一大片土地(约 9 英亩,500 英尺×700 英尺)滑入了湖中。主滑坡在博特娜湖中形成了两三个大的湖啸。这些湖啸传播了 3 英里,在对岸小镇莱拉造成了显著的破坏,摧毁了一个锯木厂和贮木场。

3. Gregersen, *Quick Clay Landslide in Rissa, Norway*.

4. See http://www.youtube.com/watch?v=3q-qfNlEP4A.

5. B. Lendon, "Family Dead in Basement after Sinkhole Swallowed Home," *CNN.com*, May 12, 2010, http://news.blogs.cnn.com/2010/05/12/family-found-dead-in-basement-after-sinkhole-ate-home.

6. A. Heim, "Der Bergsturz von Elm," *Deutsche Geologische Gesellschaft Zeitschrift* 34 (1882): 74 - 115, as reported in K. Hsü, "Catastrophic Debris Streams (Sturzstroms)

Generated by Rockfalls," *Geological Society of America Bulletin* 86 (1975): 129 - 140.

7. W. G. Pariseau, "A Simple Mechanical Model for Rockslides and Avalanches," *Engineering Geology* 16, nos. 1 - 2 (1980): 111 - 123.

8. For a recent review of landslide models, see F. V. DeBlasio, *Introduction to the Physics of Landslides* (New York: Springer, 2011).

9. An excellent reference for landslide information such as these statistics is Dave Petley's *Landslide Blog* at http://blogs. agu. org/landslideblog. This particular information is from the September 13, 2012, post, accessed July 10, 2012.

10. F. C. Dai, C. F. Lee, J. H. Deng, and L. G. Tham, "The 1786 Earthquake-Triggered Landslide Dam and Subsequent Dam-Break Flood on the Dadu River, Southwestern China," *Geomorphology* 65 (2005): 205 - 221.

11. US Geological Survey, "3. Q: How Much Do Landslides Cost in Terms of Monetary Losses?," *Landslide Hazards Program: Frequently Asked Questions*, accessed July 10, 2012, http://landslides. usgs. gov/learning/faq/#q03.

12. L. Sahagun, "Walking Away from a Highway," *Los Angeles Times*, January 29, 2012, http://www. latimes. com/news/local/la-me-caltrans-high way39 - 20120129, 0, 2515708. story.

13. US Geological Survey, "3. Q: How Much?"

14. Some of this account is taken from J. J. Hemphill, "Assessing Landslide Hazard over a 130 - Year Period for La Conchita, California" (paper presented at the Association of Pacific Coast Geographers Annual Meeting, September 12 and 15, 2001), http://www. geog. ucsb. edu/~jeff/projects/la_conchita/apcg2001_article/apcg2001_article. html.

15. R. W. Jibson, *Landslide Hazards at La Conchita*, *California*, Open-File Report 2005 - 1067 (US Geological Survey, 2005), http://pubs. usgs. gov/of/2005/1067/pdf/OF2005 - 1067. pdf. Also available at http://pubs. usgs. gov/of/2005/1067/508of05 - 1067. html#conchita05.

16. R. H. Campbell, *Soil Slips*, *Debris Flows*, and *Rainstorms in the Santa Monica Mountains and Vicinity*, *Southern California*, US Geological Survey Professional Paper 851 (Washington, DC: US Government Printing Office, 1975).

17. See http://www. youtube. com/watch? v=3q-qfNlEP4A.

18. D. N. Petley, N. J. Rosser, D. Karim, S. Wali, N. Ali, N. Nasab, and K. Shaban, "Non-seismic Landslide Hazards along the Himalayan Arc," in *Geologically Active: Proceedings of the 11th IAEG Congress. Auckland*, *New Zealand*, *5 - 10 September 2010*, ed. A. L. Williams, G. M. Pinches, C. Y. Chin, T. J. McMorran, and C. I. Massey (London: CRC Press, 2010), 143 - 154.

19. S. Mir, "Clash between Police, Attabad Victims: Fresh Protests Erupt across G-B," *Express Tribune*, August 13, 2011, http://tribune. com. pk/story/230262/clash-between-police-attabad-victims-fresh-protests-erupt-across-g-b.

20. "中国国土资源部部长要求在泥石流形成前消除危险"(*English. news. cn*：http：//news. xinhuanet. com/english2010/china/2010－08/23/c_13458409. htm)。在新的洪峰逼近三峡大坝前,通过三峡大坝的航运被叫停,洪峰以超过 45 000 立方米每秒的水量涌入大坝后的巨大水库 ("三峡大坝在新的洪峰到来之际停航"：English. news. cn：http://news. xinhuanet. com/english2010/china/2010－08/23/c_13458409. htm)。官方预计在 2010 年 8 月 24 日洪峰达到时峰值流量可能达到 56 000 立方米每秒,这是 2010 年夏天三峡大坝第三次停航。

21. D. N. Petley, "On the Initiation of Large Rockslides: Perspectives from a New Analysis of the Vajont Movement Record," in *Landslides from Massive Rock Slope Failure. Proceedings of the NATO Advanced Research Workshop on Massive Rock Slope Failure: New Models for Hazard Assessment. Celano, Italy, 16－21 June 2002*, NATO Science Series IV: vol. 49, ed. S. G. Evans, G. Scarascia Mugnozza, A. Strom, and R. L. Hermanns (Rotterdam, Netherlands: Kluwer, 2006), 77－84. An excellent summary can be found at "The Vaiont (Vajont) Landslide of 1963," *AGU Blogosphere*, December 11, 2008, http://blogs. agu. org/landslideblog/2008/12/11/the-vaiont-vajont-landslide-of-1963.

22. B. Voight and C. Faust, "Frictional Heat and Strength Loss in Some Rapid Landslides," *Geotechnique* 32 (1982): 43－54; B. Voight and C. Faust, "Frictional Heat and Strength Loss in Some Rapid Landslides: Error Correction and Affirmation of Mechanism for the Vajont Landslide," *Geotechnique* 42 (1992): 641－643; C. R. J. Kilburn and D. N. Petley, "Forecasting the Giant, Catastrophic Slope Collapse: Lessons from Vajont, Northern Italy," *Geomorphology* 54 (2003): 21－32.

23. Hsü, "Catastrophic Debris Streams (Sturzstroms) Generated by Rockfalls," *Geological Society of America Bulletin* 86 (1975): 129－140. Excellent review in F. Legros, "The Mobility of Long-Runout Landslides," *Engineering Geology* 63 (2002): 301－131.

24. R. Shreve, *The Blackhawk Landslide*, Geological Society of America Special Papers 108 (Boulder, CO: Geological Society of America, 1968); R. Shreve, "Leakage and Fluidization in Air-Layer Lubricated Avalanches," *Geological Society of America Bulletin* 79 (1968): 653－658.

25. This velocity is reported in R. Shreve, "Sherman Landslide," *Science* 154 (1966): 1639－1643.

26. Ibid.

27. Shreve, "Leakage and Fluidization"; Shreve, "Sherman Landslide."

28. Hsü, "Catastrophic Debris Streams"; G. S. Collins and H. J. Melosh, "Acoustic Fluidization and the Extraordinary Mobility of Sturzstorms," *Journal of Geophysical Research* 108 (2003): 2473－2476; R. Han, T. Hirose, T. Shimamoto, Y. Lee, and J. Ando, "Granular Nanoparticles Lubricate Faults during Seismic Slip," *Geology* 39 (2011):

599 – 602; T. R. H. Davis, "Spreading of Rock Avalanche-Debris by Mechanical Fluidization," *Rock Mechanics and Rock Engineering* 15 (1982): 9 – 24.

29. T. Shinbrot, "Delayed Transitions between Fluid-Like and Solid-Like Granular States," *European Physical Journal* 22 (2007): 209 – 217; T. Shinbrot, N. -H. Duong, L. Kwan, and M. M. Alvarez, "Dry Granular Flows Can Generate Surface Features Resembling Those Seen in Martian Gullies," *Proceedings of the National Academy of Sciences of the USA* 101 (2004): 8542 – 8546.

30. Hsü, "Catastrophic Debris Streams"; C. S. Campbell, "Self-Lubrication for Long Runout Landslides," *Journal of Geology* 97 (1989): 653 – 665.

31. H. J. Melosh, "The Physics of Very Large Landslides," *Acta Mechanica* 64 (1986): 89 – 99.

32. B. K. Lucchitta, "Valles Marineris, Mars — Wet Debris Flows and Ground Ice," *Icarus* 72 (1987): 411 – 429; Legros, "Mobility of Long-Runout Landslides"; K. P. Harrison and R. E. Grimm, "Rheological Constraints on Martian Landslides," *Icarus* 163 (2003): 347 – 362; F. V. De Blasio and A. A. Elverhøi, "A Model for Frictional Melt Production beneath Large Rock Avalanches," *Journal of Geophysical Research* 113 (2008): F02014; K. N. Singer, W. B. McKinnon, P. M. Schenk, and J. M. Moore, "Massive Ice Avalanches on Iapetus Mobilized by Friction Reduction during Flash Heating," *Nature Geoscience* 5 (2012): 574 – 578.

33. B. Voight and J. Sousa, "Lessons from Ontake-san: A Comparative Analysis of Debris Avalanche Dynamics," *Engineering Geology* 38 (1994): 261 – 297.

34. E. C. Beutner and G. P. Gerbi, "Catastrophic Emplacement of the Heart Mountain Block Slide, Wyoming and Montana, USA," *Geological Society of America Bulletin* 117 (2005): 724 – 735.

35. J. P. Craddock, D. H. Malone, J. Magloughlin, A. L. Cook, M. E. Rieser, and J. R. Doyle, "Dynamics of the Emplacement of the Heart Mountain Allochthon at White Mountain: Constraints from Calcite Twinning Strains, Anisotropy of Magnetic Susceptibility, and Thermodynamic Calculations," *Geological Society of America Bulletin* 121 (2009): 919 – 938.

36. This discussion is excerpted from S. W. Kieffer, "Geology: The Bifocal Science," in *The Earth Around Us: Maintaining a Livable Planet*, ed. J. Schneiderman (San Francisco, Freeman Press, 2000), 2 – 17.

第五章

1. As reported by Harry Kaiakokonok, eyewitness of the Katmai/Novarupta eruption of 1912, in "Witness: Firsthand Accounts of the Largest Volcanic Eruption in the Twentieth Century," *National Park Service*, April 2004, http://www. nps. gov/katm/

historyculture/upload/Witnessweb. pdf.

2. Pliny the Younger, "Letters 6. 16 and 6. 20," from Penguin translation by Betty Radice, accessed December 29, 2012, http://www. u. arizon a. edu/~afutrell/404b/web%20rdgs/pliny%20on%20 vesuvius. htm.

3. G. Mastrolorenzo, P. Petrone, L. Pappalardo, and M. F. Sheridan, "The Avellino 3780-Yr-B. P. Catastrophe as a Worst-Case Scenario for a Future Eruption at Vesuvius," *Proceedings of the National Academy of Sciences of the USA* 103 (2006): 4366 - 4370.

4. K. Barnes, "Volcanology: Europe's Ticking Time Bomb," *Nature* 473 (2011): 140 - 141.

5. 这个名字实际上不是火山的名字,而是覆盖火山的一个小冰川的名字。

6. S. Self, J.-X. Zhao, R. E. Holasek, R. C. Torres, and A. J. King, "The Atmospheric Impact of the 1991 Mount Pinatubo Eruption," in *Fire and Mud: Eruptions and Lahars of Mount Pinatubo, Philippines*, ed. C. G. Newhall and R. S. Punongbayan (Quezon City: Philippine Institute of Volcanology and Seismology, 1996).

7. S. C. Singh, G. M. Kent, J. S. Collier, A. J. Harding, and J. A. Orcutt, "Melt to Mush Variations in Crustal Magma Properties along the Ridge Crest at the Southern East Pacific Rise," *Nature* 394 (1998): 874 - 878.

8. Technically, called "phreatic" eruptions after the Greek word for "well" or "spring." In modern use, the word applies to groundwater in general.

9. A. Lacroix, *La Montagne Pelée et ses eruptions* (Paris: Masson et Cie, 1904).

10. S. W. Kieffer, "Blast Dynamics at Mount St. Helens on 18 May 1980," *Nature* 291 (1981): 568 - 570.

11. Ibid.

12. Ibid.

13. 计算使用了如下假设条件:每个 F - 1 发动机的功率为 6. 45 兆瓦/平方英寸,或 929 兆瓦/平方英尺。一个 F - 1 发动机喷气口的面积是 105 平方英尺。因此,F - 1 发动机的功率是 97 550 兆瓦,土星五号的功率是 487 740 兆瓦。圣海伦斯火山横向冲击波的功率假定为 2 322 兆瓦/平方英尺。横向冲击波的出口面积假定为 270 万平方英尺。因此,总的横向爆炸功率为 62. 7 亿兆瓦,相当于土星五号的 12 855 倍。福岛核电站预计能产生 4 500 兆瓦能量。土星五号火箭的推力是 760 万磅力;圣海伦斯火山的推力是 7.4×10^{11} 磅力。这里引用的数据进行了四舍五入。

14. D. E. Ogden, K. H. Wohletz, G. A. Glatzmaier, and E. E. Brodsky, "Numerical Simulations of Volcanic Jets: Importance of Vent Overpressure," *Journal of Geophysical Research* 113 (2008): B02204; H. Pinkerton, L. Wilson, and R. Macdonald, "The Transport and Eruption of Magma from Volcanoes: A Review," *Contemporary Physics* 43, no. 3 (2002): 197 - 210.

15. This information comes from the numerous papers in C. G. Newhall and R. S.

Punongbayan, eds., *Fire and Mud: Eruptions and Lahars of Mount Pinatubo, Philippines* (Quezon City: Philippine Institute of Volcanology and Seismology, 1996), *http://pubs. usgs. gov/pinatubo/prelim. html. Particularly useful is* E. W. Wolfe and R. P. Hoblitt, "Overview of the Eruptions," *http://pubs. usgs. gov/pinatubo/wolfe.*

16. P. Chakraborty, G. Gioia, and S. W. Kieffer, "Volcanic Mesocyclones," *Nature* 458 (2009): 497 – 500.

17. 与火山喷发中气旋有关的资料均引自查克拉博蒂、焦亚和基弗所著《火山中气旋》。

18. Ibid.

19. C. G. Newhall and S. Self, "The Volcanic Explosivity Index (VEI): An Estimate of Explosive Magnitude for Historical Volcanism," *Journal of Geophysical Research* 87, no. C2 (1982): 1231 – 1238.

20. US Geological Survey, "Report: Eruptions of Mount St. Helens: Past, Present, and Future," accessed February 18, 2011, http://vulcan. wr. usgs . gov/Volcanoes/MSH/ Publications/MSHPPF/MSH_past_present_future. html.

21. For the real, not Hollywood, science of Yellowstone and its eruptions, see R. B. Smith and J. L. Siegel, *Windows into the Earth: The Geologic Story of Yellowstone and Grand Teton National Parks* (Oxford: Oxford University Press, 2000).

22. R. Evans, "Blast from the Past," *Smithsonian Magazine*, July 2002.

23. W. J. Broad, "It Swallowed a Civilization," *New York Times*, October 21,2003, http://www. nytimes. com/2003/10/21/science/earth/21VOLC. html.

24. M. R. Rampino and S. Self, "Climate-Volcanism Feedback and the Toba Eruption of ~70 000 Years Ago," *Quaternary Research* 40 (1993): 269 – 280; M. R. Rampino and S. Self, "Volcanic Winter and Accelerated Glaciation following the Toba Super-eruption," *Nature* 359 (1992): 50 – 52.

25. S. H. Ambrose, "Late Pleistocene Human Population Bottlenecks, Volcanic Winter, and Differentiation of Modern Humans," *Journal of Human Evolution* 34 (1998): 623 – 651.

第六章

1. 这不是冲击利图亚湾的唯一巨浪。For more detail, see D. J. Miller, *Giant Waves in Lituya Bay, Alaska*, Geological Survey Professional Paper 354 – C (Washington, DC: US Government Printing Office, 1960), 51 – 86.

2. 在过去,陨石撞击会产生的巨大的海啸,但现在这似乎不大可能再出现,因为如今不会再有大陨石与地球的撞击。然而,一个小陨石如果击中人口密集区仍会造成显著的局部灾害。

3. C. L. Mader and M. L. Gittings, "Modeling the 1958 Lituya Bay Megatsunami,"

Science of Tsunami Hazards 20（2002）：242.

4. 该高度是海啸通过时冲来的树木和卷起的土壤的堆高。

5. Delaware（451 feet），District of Columbia（409 feet），Florida（345 feet），Illinois（956 feet），Indiana（937 feet），Iowa（1 190 feet），Louisana（543 feet），Michigan（1 408 feet），Mississippi（807 feet），Missouri（1 542 feet），Ohio（1 095 feet），Rhode Island（812 feet），and Wisconsin（1 372 feet）.

6. G. M. McMurtry, G. J. Fryer, D. R. Tappin, I. P. Wilkinson, M. Williams, J. Fietzke, D. Garbe-Schoenberg, and P. Watts, "Megatsunami Deposits on Kohala Volcano, Hawaii, from Flank Collapse of Mauna Loa," *Geology* 32（2004）：741 - 744.

7. 一个卓著的海啸信息源是 E. 科比所著的《海啸：被低估的危险》（剑桥大学出版社，2001 年）。

8. "The 26 December 2004 Indian Ocean Tsunami：Initial Findings from Sumatra," *USGS*, accessed July 14, 2012, http://walrus. wr. usgs. gov/tsunami/sumatra05/heights. html. And more recently, H. Gibbons and G. Gelfenbaum, "Astonishing Wave Heights among the Findings of an International Tsunami Survey Team on Sumatra," *Sound Waves*, March 2005, http://soundwaves. usgs. gov/2005/03.

9. E. R. Scidmore, "The Recent Earthquake Wave on the Coast of Japan," *National Geographic*, September 1896, http://ngm. nationalgeographic . com/1896/09/japan-tsunami/scidmore-text.

10. 表面张力在本书所讨论的绝大多数地质过程中并不重要，因此忽略。

11. 理论上讲，这些波由重力和惯性控制。"惯性"在物理上由牛顿第一定律所描述，指物体对其运动状态改变的阻力。对小波浪，水和空气之间的表面张力是一种恢复力，但这只对很小的波浪重要。本书讨论的波浪要比这大很多。

12. G. G. Stokes, "On the Steady Motion of Incompressible Fluids," *Transactions of the Cambridge Philosophical Society* 7（1842）：439 - 454.

13. A review of the procedures for processing data can be found in A. Suppasri, F. Imamura, and S. Koshimura, "Tsunamigenic Ratio of the Pacific Ocean Earthquakes and a Proposal for a Tsunami Index," *Natural Hazards Earth System Science* 12（2012）：175 - 185.

14. T. Fujiwara, S. Kodaira, T. No, Y. Kaiho, N. Takahashi, and Y. Kaneda, "The 2011 Tohoku-Oki Earthquakes：Displacement Reaching the Trench Axis," *Science* 334（2011）：1240. Also in M. Fischetti, "Fukushima Earthquake Moved Seafloor Half a Football Field," *Scientific American*, December 1, 2011, http://www. scientificamerican. com/article . cfm? id＝japan-earthquake-moves-seafloor.

15. See note 1 in Chapter 3.

16. G. R. Gisler, "Tsunami Simulations," *Annual Reviews of Fluid Mechanics* 40（2008）：71 - 90.

17. Ibid.

18. Y. Fujii and K. Satake, "Off Tohoku-Pacific Tsunami on March 11, 2011," accessed July 14, 2011, http://iisee. kenken. go. jp/staff/fujii/OffTohokuPa cific2011/tsunami. html. This document was posted on March 12, 2011, one day after the Tohoku earthquake.

19. 假定计算的维度如下：对于风力驱动波：高 50 英尺,宽 10 000 英尺(约 2 英里),波长 500 英尺,体积 2.5 亿立方英尺。对于海啸：在开放海域浪高 10 英尺,宽 100 英里,波长 500 英里(2 640 000 英尺),体积 140 000 亿立方英尺。

20. 海啸能量计算参见：http://plus. maths. org/content/tsunami‐1。*Plus* 杂志致力于使数学生活化(Plus 的本意是数学符号"+",直接应用——译者注)。

21. 事实上,由于斯里兰卡周围的海岸地形特征,波浪在登陆前大部分能量都消耗在近岸的破碎波中。如果情况不是这样,灾难将更加严重。

22. T. Maeda, T. Furumura, S. Sakai, and M. Shinohara, "Significant Tsunami Observed at the Ocean-Bottom Pressure Gauges during the 2011 [Earthquake] off the Pacific Coast of Tohoku Earthquake," *Earth, Planets and Space* 63 (2011): 803‐808.

23. P. Hancocks, "Defiant Japanese Boat Captain Rode Out Tsunami," *CNN World*, April 3, 2011, http://www. cnn. com/2011/WORLD/asiapcf/04/03/japan. tsunami. captain/index. html? hpt＝C2.

24. 2011 年 3 月 11 日,在松岛的日本海上保安厅一艘位于两个波峰之间的舰船录的一段视频显示,海面上 3 英里外的海啸表现出近岸海啸特征,但远没有破碎。这可以在"海岸警卫队抓拍的日本海啸波照片"中看到(每日电报,2011 年 3 月 19 日：http://www. telegraph. co. uk/news/worldnews/asia/japan/8392419/Footage-of-Japantsunami-waves-at-sea-captured-by-Coast-Guard. html)

25. P. Neale, "The Krakatoa Eruption," in *Littells Living Age*, 5th series, vol. 51 (Boston: Littell and Co. , 1885), 693‐696. Digital copy available at http://books. google. com.

26. K. Minoura, F. Imamura, D. Sugawara, Y. Kono, and T. Iwashita, "The 869 Jogan Tsunami Deposit and Recurrence Interval of Large-Scale Tsunami on the Pacific Coast of Northeast Japan," *Journal of Natural Disaster Science* 23, no. 2 (2001): 83‐88.

27. 同前。读者会注意到前面已讨论过 1896 年的明治三陆海啸,这里不再讨论。明治三陆海啸发生在这个断层以北的另一个断层段。这里讨论的三次海啸都发生在这个断层上。

28. P. R. Cummins, "The Potential for Giant Tsunamigenic Earthquakes in the Northern Bay of Bengal," *Nature* 449 (2007): 75‐78.

第七章

1. P. N. Joubert, "Some Remarks of the 1998 Sydney-Hobart Race," *Transactions of the Proceedings of the Royal Society of Victoria* 11, no. 2 (2006): i‐x.

2. 严格地说,"疯狗浪"是中国台湾渔民对近岸超级巨浪的称谓,广义上包括所有的超级巨浪。

3. C. Kharif, E. Pelinovsky, and A. Slunyaev, *Rogue Waves in the Ocean*, Advances in Geophysical and Environmental Mechanics and Mathematics (New York: Springer, 2009), 20.

4. P. C. Liu and U. F. Pinho, "Freak Waves — More Frequent Than Rare!" *Annales Geophysicae* 22 (2004): 1839 – 1842.

5. J. 谢尔顿"超级巨浪撞击的邮轮,2 人丧生"(http://www. manolith. com/2010/03/04/cruise-ship-hit-by-rogue-wave-2-killed.). 关于 100 英尺高巨浪袭击埃索朗格多克号油轮和超级巨浪冲击"大洋游侠"和"卓弗莱(Drovner)"石油钻井平台的视频参见：http://www. youtube. com/watch? v=sCxr_XzyGO8&feature=related yoi。

6. C. B. Smith, *Extreme Waves* (Washington, DC: Joseph Henry Press, 2006), 4.

7. Kharif, Pelinovsky, and Slunyaev, *Rogue Waves in the Ocean*.

8. Smith, *Extreme Waves*.

9. 为给定义超级巨浪提供参考,海洋学家提出了"有效波高"的概念。有效波高指在一段时间(通常为 10～30 分钟)内 1/3 最高浪高值的平均值。冲浪者会发现下面的练习非常有用,且能使人沉稳：忽视细节,坐在沙滩上,持续 10～30 分钟记录所有冲过来的波浪的高度。例如,1 英尺($1'$),2 英尺($2'$),$3'$,$5'$,$3'$,$4'$,等。将这个列表从大到小排列：$5'$,$4'$,$3'$,$3'$,$2'$,$1'$。保留这些值中 1/3 的高值,$5'$ 和 $4'$。然后取它们的平均值：4.5。这就是有效波高。高度为有效波高 2 倍或更多倍的波浪就称为超级巨浪。——在这个例子中至少为 9 英尺。事实上,高度超过 4 倍有效波高的超级巨浪已有报道。在本例中,是一个 18 英尺高的波浪。习惯于 2 英尺或 3 英尺浪,偶尔会遇到过 5 英尺高浪的冲浪者要注意,以前没有遇到过的 9 英尺或者 18 英尺的浪任何时候都可能出现。2011 年 3 月,在加利福尼亚州半月湾经验丰富的大波浪冲浪者锡永·莫斯干(Sion Milosky)死于一个倒下的大浪水墙。那一天,经过近 1 个小时的相对较小的浪涌($18'$～$20'$),一个超级巨浪"炸弹"将莫斯干卷到了半月湾底部,在那里他不仅仅被这一个波浪压住,接着被第二个浪压住,这在冲浪界的行话里被称为"双波压紧"。他被发现时已是 20 分钟后,为时已晚。

10. 关于这种波的最好的讨论在非正式的文献中。这里的大部分相关材料引自斯维尔哈弗一篇名为《1995 年 1 月 1 日,在德罗普尼尔伽克观测得的一个可能的畸形波事件》的报道(http://www. ifremer. fr/web-com/stw2004/rw/fullpapers/walk_ on_haver. pdf)。也可参阅 E. 比特纳-格雷格森所著《极端波峰和海况持续时间》的附录 B4,该文收录在 A. D. 詹金斯等主编的《研究报告第 138 号》(挪威卑尔根：挪威气象研究所,2002 年),97 页。

11. 深且非对称的"洞"也有,为简单起见化,此处不再赘述。

12. R. W. Warwick, "Hurricane 'Luis,' the *Queen Elizabeth* 2 and a Rogue Wave," *Marine Observer* 66 (1996): 134. A more accessible account can be found at http://www. cruiseshipsinking. com/Damaged_By_Waves/Queen_Eliz abeth_2_High_Waves_September_11_1995. html, accessed February 13, 2013.

13. 尽管在 3 个星期的观察中,我们对仪器覆盖洋面的兴趣很大,但我无法从已有公开数据中做出这个判断。

14. B. Gaine, "Predicting Rogue Waves," *MIT Technology Review*, March 1, 2007, http://www. technologyreview. com/computing/18245/page2.

15. B. Baschek and J. Imai, "Rogue Wave Observations off the US West Coast," *Oceanography* 24, no. 2 (2011): 158 - 165.

16. H. J. Lugt, *Vortex Flow in Nature and Technology* (New York: Wiley, 1983); also Haver, "Possible Freak Wave Event." Lugt cites many figures and facts that apparently appeared first in E. N. Lorenz, *The Nature and Theory of the General Circulation of the Atmosphere* (Geneva, Switzerland: World Meteorological Organization, 1967).

17. 具体来说,哈德利用围绕地球旋转轴的线性动量替代角动量。

18. G. G. Coriolis, "Mémoire sur les équations du mouvement relatif des systèmes de corps," *Journal de l'École Polytechnique* 15 (1835): 142 - 154.

19. W. Ferrel, "An Essay on the Winds and Currents of the Ocean," *Nashville Journal of Medicine and Surgery* 11 (1856): 287 - 301.

20. 有关"恒洋"的可视化资料参见:http://svs. gsfc. nasa. gov/vis/a010000/a010800/a010841,它展现了 2005~2007 年的美丽洋流。该文档由 H. 米切尔和 G. 舍瑞创建,由美国宇航局戈达太空飞行中心科学可视化工作室制作。

21. Smith, *Extreme Waves*, 187.

22. 得克萨斯州 A&M 大学贾森教育项目运行的海洋世界网站上有关于波浪形成和有效波高的精彩定量讨论(即数学分析,但配有清晰的图解)。该网站地址:http://oceanworld. tamu. edu/resources/ocng_textbook/chapter16/chapter16_04. htm,2012 年 7 月 19 日上线。

23. Smith, *Extreme Waves*, 188.

24. 有趣的是,迪亚斯早先将这个地方命名为"风暴角"(葡萄牙语),但葡萄牙国王约翰二世将其成了"好望角",因为它打开了到东方的贸易路线,从而绕开了中东地区的中间商。

25. "Agulhas Current," *Weathernews. com*, September 2009, http://weath ernews. com/TFMS/topics/wtopics/2007/pdf/20070901. pdf.

26. F. Baronio, A. Degasperis, M. Conforti, and S. Wabnitz, "Solutions of the Vector Nonlinear Schrödinger Equations: Evidence for Deterministic Rogue Waves," *Physical Review Letters* 109 (2012): 044102 - 4. For technical papers related to these topics, see *European Physical Journal Special Topics* 185, issue 1 (July 2010).

第八章

1. R. Chandler, "Red Wind," *Dime Detective Magazine*, January 1938.

2. T. Finnigan, "Hydraulic Analysis of Outflow Winds in Howe Sound, British

Columbia" (master's thesis, University of British Columbia, 1991). Finnigan reviews earlier work, so detailed citations are not given here.

3. "The Big Chill Heads South," *AP News Archive*, February 1, 1989, http://www. apnewsarchive. com/1989/The-Big-Chill-Heads-South/id-38d2fe3317858dbd49289094d09911c7; P. Anderson, "Alaska Blaster: Cold Wave Brings Big Chill to Ever-Widening Area," *AP News Archive*, February 2, 1989, http://www. apnewsarchive. com/1989/Alaska-Blaster-Cold-Wave-Brings-Big-Chill-to-Ever-Widening-Area/id-c9ee9aa7c57b045c3ee98bffd4dfe3d9.

4. T. R. Reed, "Gap Winds in the Strait of Juan de Fuca," *Monthly Weather Review* 59, no. 10 (1931): 373–376.

5. A. G. Sulzberger and B. Stelter, "A Rush to Protect Patients, Then Bloody Chaos," *New York Times*, May 23, 2011, http://www. nytimes . com/2011/05/24/us/24tornado. html? pagewanted=1&_r=1.

6. Death toll as of June 13, 2011.

7. E. H. Shackleton and T. W. E. David, *The Heart of the Antarctic*, popular ed. (Philadelphia: Lippincott, 1914), 72–74.

8. S. Kieffer, "The 1983 Hydraulic Jump in Crystal Rapid: Implications for River-Running and Geomorphic Evolution in the Grand Canyon," *Journal of Geology* 93 (1985): 385–406.

9. G. Gioia, P. Chakraborty, S. F. Gary, C. Z. Zamalloa, and R. D. Keane, "Residence Time of Buoyant Objects in Drowning Machines," *Proceedings of the National Academy of Sciences of the USA* 108 (2011): 6361–6363.

10. 天气和气候由所涉及的时间的长短来区分。"天气"指短期内的大气层条件,一般以天、周或月为单位。"气候"指长时间内的平均条件。

11. 没有任何记载使我们能判断沙克尔顿描述的风是如何形成的;该地区可能出现过区域性暴风雨,但这里可以忽略这个细节。

12. See, for example, L. J. Cooke, M. S. Rose, and W. J. Becker, "Chinook Winds and Migraine Headache," *Neurology* 54 (2000): 302.

13. 术语"转子"来自对海浪几何形状的描述。

14. J. Kuettner and R. F. Hertenstein, "Observations of Mountain-Induced Rotors and Related Hypotheses: A Review" (paper presented at the 10th Conference on Mountain Meteorology, sponsored by the American Meteorological Society, Park City, Utah, 2002), 326–329.

15. A summary of this effort can be found at *Wikipedia*, "Perlan Project," accessed July 20, 2012, http://en. wikipedia. org/wiki/Perlan_Project.

16. M. G. Wurtele, "Meteorological Conditions Surrounding the Paradise Airline Crash of March 1964," *Journal of Applied Meteorology* 9 (1970): 787–795.

17. *Wikipedia*, "BOAC Flight 911," accessed February 13, 2013, http://en. wikipedia. org/wiki/BOAC_Flight_911.

18. Reed，"Gap Winds."

19. *American Meteorological Society Glossary of Meteorology*，"gap wind" entry, accessed February 13，2013，http://glossary. ametsoc. org/wiki/Gap_wind.

20. Summarized in Finnigan，"Hydraulic Analysis."

21. Summarized in F. K. Ball，"The Theory of Strong Katabatic Winds," *Australian Journal of Physics* 9（1956）：373 – 386.

22. G. Goebel，"Balloon Bombs against the US," accessed July 20，2012，http://www. axishistory. com/index. php? id=932.

23. 一般情况下，nor'easters（一种在美国东海岸和加拿大大西洋地区的大规模风暴——译者注）在墨西哥湾以风暴形式开始，是极地射流将其曳向向北。

24. "February Blizzard Strikes US Northeast," Earth Observatory，February 13，2013，http://earthobservatory. nasa. gov/IOTD/view. php? id=80412.

25. "Post-landfall Loss Estimates for Superstorm Sandy Released," *EQECAT*，November 1，2012，http://www. eqecat. com/catwatch/post-landfall-loss-est imates-superstorm-sandy-released-2012 – 11 – 01.

26. E. S. Blake，C. W. Landsea，and E. J. Gibney，"The Deadliest, Costliest, and Most Intense United States Tropical Cyclones from 1851 to 2010 (and Other Frequently Requested Hurricane Facts)," NOAA Technical Memorandum NWS NHC – 6，(Miami, FL：National Weather Service，2011)，http://www. nhc. noaa. gov/pdf/nws-nhc-6. pdf.

27. 美国国家海洋和大气管理局对 2011 年春季这个事件的总结可以在国家气象数据中心网站找到："2011 年春季美国极端气候事件"：http://www. ncdc. noaa. gov/special-reports/2011-spring-extremes/index. php(上线日期：2013 年 2 月 13 日)。关于乔普林的详细报告也可以在该网站找到："气候状态：2011 年 5 月龙卷风"：http://www. ncdc. noaa. gov/sotc/tornadoes/2011/5. (上线日期：2013 年 2 月 13 日)。

28. The following material is from M. Levitan，"May 22, 2011 Joplin, MO Tornado Study：Draft Study Plan and Research Overview," accessed April 25，2013，http://www. nist. gov/el/disasterstudies/ncst/upload/NCSTACJop lin110411. pdf.

第九章

1. A. Coopes，"Australian Floods Expected to Peak at Rockhampton," *Sydney Morning Herald*，January 4，2011，http://news. smh. com. au/break ing-news-world/australian-floods-expected-to-peak-at-rockhampton-20110104 – 19eya. html.

2. M. Wisniewski，"Midwest Braces for Massive Winter Blizzard," *Reuters*，January 31，2011，http://www. reuters. com/article/2011/01/31/us-weather-midwest-storm-idUSTRE70U4NP20110131.

3. "Chicago Blizzard：Massive Winter Storm Hits Chicago," *Huffington Post*，January 31，2011 (updated May 25，2011)，http://www. huffingtonpost. com/2011/01/

31/chicago-blizzard-massive-storm_n_816673. html.

4. *Wikipedia*，"2011 Souris River Flood," accessed February 13，2013，http://en. wikipedia. org/wiki/2011_Souris_River_flood.

5. NOAA，National Climatic Data Center，"State of the Climate: National Overview, July 2011," accessed August 11,2012，http://www. ncdc. noaa. gov/sotc/national/2011/7.

6. D. Huber，"The 2011 Texas Drought in a Historical Context," *Center for Climate and Energy Solutions*，August 26，2011，http://www. c2es. org/blog/huberd/2011-texas-drought-historical-context.

7. US Drought Monitor Report，National Drought Mitigation Center，August 7，2012, available under "Tabular Statistics" at http://droughtmoni tor. unl. edu.

8. 地下水以比地表水更复杂的方式流向相同的地方。

9. 沿东海岸有三大盆地：大湖——劳伦斯河盆地，从弗吉尼亚南部沿海岸延伸到加拿大的北大西洋盆地和南大西洋-墨西哥湾集水区。沿西海岸的是沿哥伦比亚河的西北向盆地、加利福尼亚州东部的内华达山脉、内华达-犹他-加利福尼亚大盆地、四角地区的科罗拉多河盆地、格兰德河盆地和墨西哥湾沿岸。美国最大的集水区是密西西比-密苏里流域。流域跨越地区、州、区域和国界。因区域气候的不同，它们会有完全不同的特性。

10. P. M. Cox，R. A. Betts，M. Collins，P. P. Harris，C. Huntingford，and C. D. Jones，"Amazonian Forest Dieback under Climate-Carbon Cycle Projections for the 21st Century," *Theoretical and Applied Climatology* 78 (2004): 137 – 156.

11. Quoted from remarks to the Australian State Governors Sydney Futures Forum by Anne Davies，reported in the *Sydney Morning Herald*，May 19，2004. For a more general discussion，see T. Flannery，*The Weather Makers: How Man Is Changing the Climate and What It Means for Life on Earth* (New York: Grove Press，2005).

12. This phrase is from the following excellent fact sheet on El Niños and La Niñas: B. Hensen and K. E. Trenberth，"Children of the Tropics: El Niño and La Niña," February 1998 (updated October 2001)，http://www. ucar. edu/communications/factsheets/elnino.

13. N. Nicholls，"El Niño — Of Droughts and Flooding Rains," accessed February 13，2013，http://www. abc. net. au/science/slab/elnino/story. htm; R. G. Kimber, "Australian Aboriginals' Perceptions of Their Desert Homelands (Part 1)," *Arid Lands Newsletter* no. 50，November/December 2001，http://ag. arizona. edu/oals/ALN/aln50/kimberpartl. html.

14. Nicholls，"El Niño. "

15. See，for example，NOAA，National Climatic Data Center，"ENSO Technical Discussion," accessed February 13，2013，http://www. ncdc. noaa. gov/teleconnections/enso/enso-tech. php.

16. NOAA，"What Is La Niña?," accessed February 13，2013，http://www. pmel. noaa. gov/tao/elnino/la-niña-story. html.

17. An excellent reference is National Weather Service Climate Prediction Center,

"Frequently Asked Questions about El Niño and La Niña," accessed February 13, 2013, http://www. cpc. ncep. noaa. gov/products/analysis_moni toring/ensostuff/ensofaq. shtml ♯DROUGHTETC.

18. See, for example, the explanation and graphics in R. Knabb, "Birth of a Hurricane: Where They Come From," *The Weather Channel*, accessed February 13, 2013, http://www. weather. com/outlook/weather-news/news/articles/hurricanes-where-do-they-come-from_2011 - 07 - 22? page=3.

19. 在这个网站有一个优秀的风暴成核与从非洲迁出的互动电影:http://www. weather. com/weather/map/interactive/Ouagadougou + Burkina% 20Faso + UVXX0001? zoom=4,2013 年 2 月 13 日上线。通过在地图上缩小或放大可以在全球范围内追踪风暴。加载可能需要一些时间。

20. C. Dolce, "Hurricane Irene's Alleyway," *The Weather Channel*, August 24, 2011, accessed August 15, 2012, http://www. weather. com/weather/hurricanecentral/article/irenes-alleyway-north_2011 - 08 - 23.

21. 2011 年飓风桑迪刚发生时,拉尼娜已经宣告结束,天气正在向弱的厄尔尼诺或者既不是拉尼娜也不是厄尔尼诺的中性年转变。

22. E. N. Lorenz, *The Nature and Theory of the General Circulation of the Atmosphere* (Geneva, Switzerland: World Meteorological Organization, 1967).

23. Q. Schiermeier, "Extreme Measures," *Nature* 477 (2011): 148 - 149.

24. R. Dole, M. Hoerling, J. Perlwitz, J. Eischeid, P. Pegion, T. Zhang, X. -W. Quan, T. Xu, and D. Murray, "Was There a Basis for Anticipating the 2010 Russian Heat Wave?," *Geophysical Research Letters* 38 (2011): L06702, doi: 10. 1029/2010GL046582.

25. T. C. Peterson, P. A. Stott, and S. Herring, eds. , "Explaining Extreme Events of 2011 from a Climate Perspective," *Bulletin of the American Meteorological Society* 93 (2012): 1041 - 1067.

26. G. Van Oldenborgh, G. A. van Urk, and M. R. Allen, "The Absence of a Role of Climate Change in the 2011 Thailand Floods," in Peterson, Stott, and Herring, "Explaining Extreme Events of 2011. "

27. C. C. Funk, "Exceptional Warming in the Western Pacific-Indian Ocean Warm Pools Has Contributed to More Frequent Droughts in Eastern Africa," in Peterson, Stott, and Herring, "Explaining Extreme Events of 2011. "

28. The authors used the drought of 2008 as a proxy for the 2011 drought because models were not available for the latter.

29. D. E. Rupp, P. W. Mote, N. Massey, C. J. Rye, R. Jones, and M. R. Allen, "Did Human Influence on Climate Make the 2011 Texas Drought More Probable?," in Peterson, Stott, and Herring, "Explaining Extreme Events of 2011. "

30. 据比利时鲁汶天主教大学灾害流行病学研究中心主任萨皮尔,引自 L. 施雷恩:"2011,历史上灾害最严重的一年"(美国之音,2012 年 1 月 17 日,2012 年),网址:http://

www. voanews. com/content/article-2011-costliest-year-in-history-for-catastrophes-137585693/ 159469. html.

31. M. Lagi, K. Z. Bertrand, and Y. Bar-Yam, "The Food Crises and Political Instability in North Africa and the Middle East," *Social Science Research Network*, August 15, 2011, http://ssrn. com/abstract=1910031.

32. P. Krugman, "Droughts, Floods and Food," *New York Times*, February 6, 2011, http://www. nytimes. com/2011/02/07/opinion/07krugman. html. 33. Ibid.

第十章

1. Some of this account and all of the quotes are from S. S. Hall, "Scientists on Trial: At Fault?" *Nature* 477 (2011): 265 – 269.

2. D. Petley, "Attempts to Predict Earthquakes May Do More Harm Than Good," *Guardian*, May 3, 2012, http://www. guardian. co. uk/science/blog/2012/may/30/ attempts-predict-earthquakes-harm-good.

3. IAVCEI Subcommittee for Crisis Protocols, "Professional Conduct of Scientists during Volcanic Crises," *Bulletin of Volcanology* 60 (1999): 323 – 334.

4. "Japan Readies for Reopening of Nuclear Reactors amid Safety Concerns," *Guardian*, June 8, 2012, http://www. guardian. co. uk/world/2012/jun/08/japan-reopen-nuclear-reactors-safety.

5. Parts of the discussion in this chapter were presented in S. W. Kieffer, P. Barton, W. Chesworth, A. R. Palmer, P. Reitan, and E. Zen, "Megascale Processes: Natural Disasters and Human Behavior," in *Preservation of Random Megascale Events on Mars and Earth: Influence on Geologic History*, Geological Society of America Special Papers 453, ed. M. G. Chapman and L. P. Keszthelyi (Boulder, CO: Geological Society of America, 2009), 77 – 86.

6. 现在被称为"获当局批准"。

致　　谢

首先,我要由衷地感谢本书的编辑杰克·罗切克、戴文·赞、哈纳·巴什曼、东·里夫金及诺顿出版社的同事们,以及自由作家撰稿人斯蒂芬妮·希伯特,是他们的耐心与勤奋,才使我得以完成此书的创作。我曾因能力不足,在大纲问题上纠结了一年之久! 不过杰克可能还记得他这一年中是如何耐心地指导我的处女作吧。对于他的耐心指导,我报以由衷的感谢。还有斯蒂芬妮和其他在诺顿公司的伙伴们,如果不是他们对我的原稿进行了编辑,我想我无法完全了解《芝加哥写作手册》(The Chicago Manual of Style)。对于他们的帮助和对原稿的改进,我心怀感激之情。

在我的职业生涯中,我曾经致力于发现及再发现研究地球科学的同行们所分享的数据、理念和关注焦点。我想,在完成此书的过程中,最大的发现就是,无论在我所触及的科学界还是非科学界,都存在着这种无私的分享和帮助——不仅包括之前并不熟悉的地球科学家,还有物理学家、化学家、出版工作者、业余科学家、自然科学爱好者、寻宝者及世界上其他素未谋面但通过电子邮箱保持联系的热心人士。许多人竭尽全力地向我提供高清晰度的图像,在他们的照片或档案里找寻图片,利用专业知识绘制专业视图,或者提供建议方案。对于那些采用了的图片,或者出于大小或清晰度考虑而未采用的图片,我都要向这些图片的贡献者们献上我最诚挚的谢意。

最后,对那些为这本书倾力奉献的人们表示感谢。我的"智者"们在这四十多年里给我提供了无数的支持与建设性的批评,以及对我时而胡思乱想的包容;还有爱我,支持我,为本书提供了许多幽默点子的老公,杰拉德·洛佩兹,对于本书的创作,他们功不可没。